王　芬/著

Xin Lu Li Cheng-yu Daxuesheng Pengyou Fenxiang

心路历程

——与大学生朋友分享

中国政法大学出版社

2015・北京

图书在版编目（CIP）数据

心路历程：与大学生朋友分享/王芬著. —北京：中国政法大学出版社，2015.5
ISBN 978-7-5620-6030-7

Ⅰ. ①心… Ⅱ. ①王… Ⅲ. ①大学生－心理健康－健康教育 Ⅳ. ①B844.2

中国版本图书馆CIP数据核字(2015)第080851号

出版者　中国政法大学出版社
地　址　北京市海淀区西土城路25号
邮寄地址　北京100088信箱8034分箱　邮编100088
网　址　http://www.cuplpress.com（网络实名：中国政法大学出版社）
电　话　010-58908586(编辑部)　58908334(邮购部)
编辑邮箱　zhengfadch@126.com
承　印　固安华明印业有限公司
开　本　880mm×1230mm　1/32
印　张　9.5
字　数　230千字
版　次　2015年5月第1版
印　次　2015年5月第1次印刷
定　价　32.00元

人生起航要从了解自我开始

随着互联网技术的普及以及全球化人才市场竞争越来越激烈，用人单位对人才的需求目标和人才标准也呈现出越来越综合性的发展趋势。伴随着信息技术与移动互联网技术的不断发展和世界知识经济的爆炸式发展，社会对人才的要求必然会越来越高。同时，我国改革开放的全面深化和市场经济的发展，也必然要求与之相匹配的市场参与者具备相应的技能和良好的素质。因为说到底市场之间的竞争最实际上就是人才或人力资源的竞争，而人才竞争的关键就在于良好的知识修养和较好的心理素质。

随着市场竞争和社会关系的日渐复杂，科技和人才竞争的日益加剧，必然会反馈到兼具科学研究和人才培养两大功能的高校，而这势必影响大学生的心理发展。可以这样说，对于这种社会关系的日渐复杂和社会竞争的日益加剧，作为已具备一定科学文化知识和社会交往能力且渴望成才的大学生来说，反应会更敏感，压力也会更大。应该说，具有这些思想准备并能够适应这种竞争环境的大学生目前有一定的数量，但也必须承认，不太适应和不能适应者亦大有人在，其中不乏困惑者、彷徨者。例如，为所学专业不理想，毕业分配无门路，师生关系、同学关系不融洽，而产生心理障碍者。或者本身就有心理障碍甚至产生心理疾病陷入泥潭而不能自拔者，其不良行为的发生，以至严重后果的，令人惋惜和痛心不已。关于这方面的信息时有所闻，屡见报端。例如，好胜心强，目的不达，郁而轻生；恋爱不成，蓄意报复；利欲熏心，偷窃财物等。甚至心胸狭隘、心理承受能力太差而故意杀人者也屡屡见诸报端和各大新媒体网络。所有这些问题的存在，告诉人们，大学生要想真正成为国家有用人才，加强心理修养是非常重要的；对于部分学生来说，则是迫在眉睫。

《心路历程》是在2011年由本人主编的《心理素质与成才》基础上的修订版。所不同的，就在于本书结合了目前高校大学生在就业与创业方面普遍存在的困惑，有针对性地加大了对在校毕业生的就业与创业的心理指导力度，加大了文化修养和世界视野对大学生的引导力度，旨在丰富大学生的心理活动内容，充实他们的集体和群体意识，克服心理障碍，调整心理平衡，增强心理承受能力，启迪他们客观地认识社会，了解自我，悦纳自我。本书以辩证唯物主义为指导，用成才心理学的观点剖析大学生的心理素质与成才的关系，着重突出一个“实”字，具有较强的针对性。通过阐述大学生自我意识、人际关系、实践活动、意志、审美、自信、爱情、创造、金钱等诸方面与成才的关系，从心理修养的角度论证了成才的有利因素，以期能够对大学生解疑释惑。由于时间仓促，书中的错误和缺点在所难免，恳请专家、读者批评指正。

编　者

2014年10月

目 录

CONTENTS

第一章

青年的心理特征

第一节　青年期的一般特征

一、青年期的年龄划分

青年期又叫青春期，是指个体的性机能从还没有成熟到成熟的阶段，在生物学上是指人体由不成熟发育到成熟的转化时期，也是个体从儿童到成年的过渡时期。在这个时期，个人性发育成熟，已经可以生育。由此可以看出，青春期主要是以生理上的性成熟为标准而划分出来的一个阶段，它与从心理或社会方面划分出的人生阶段有重叠。在人体生长发育阶段，青春期占一半或更多一些时间。青春期目前在各国并没有一致的年龄范围，一般指十三四岁至十七八岁这个阶段，在心理学上，它又称为青年初期，相当于教育学上的中学阶段，以身体的急速成长为特征。而青年期除了包括青春期外，还将延续至25岁~30岁。由于男性的性成熟比女性晚一年左右，所以可以把男性的青春期年龄范围确定为14岁~18岁。偏早或偏晚1岁~2岁，都属正常现象。人们通常把这个年龄阶段的男性称为少男，而同样年龄阶段的女性称为少女。在青春期不仅身体上有了明显的变化，而且在心理上也常会发生很大的变化。具体而言，可以归纳为以下几个方面：

第一，发展的连续性。为了更好地理解人的发展，我们通常就将那个人的一生划分为几个发育阶段或发展时期，即由一个阶段或时期向另一个阶段或时期过渡的一种循序渐进的、连续的过程。就如同儿童并不是在迎来了生日后就会突然长大一样，青年阶段的初期是与儿童阶段的末期相重叠的，青年后期阶段是与成年后期阶段相重叠的。

第二，个人差异的增大。乳幼儿时期已经存在的个人差异，到了青年期之后得到了明显的增大。研究表明，作为青年期开始的象征之一的性成熟，存在着很大的个人差异，其差异程度可以从小学四五年级（11 岁 ~ 12 岁）扩大到高中时期（16 岁 ~ 17 岁）。其他诸如智力、心理特征等方面也存在着显著的个人差异，因此，根据年龄很难把青春期和少年期明确地区分开来。

第三，发展理论的多样性。由于发展心理学家在划分青年期的时候，划分标准往往不尽相同，再加上还存在着发展理论的差异、所持发展观、观察及研究青年期的立足点和角度的不同。这就造成青年期的年龄界定也往往不同，而且，即使青年期的划分标准相同，将此标准拿来衡量青年，也未必能得出相同结论。

在美国，一般认为，13 岁 ~ 15 岁左右为青年前期（相当于初中阶段），16 岁 ~ 18 岁左右为青年中期（相当于高中阶段），18 岁 ~ 21 岁左右为青年后期（相当于大学阶段）。

在日本，一般认为男子 13 岁 ~ 15 岁，女子为 11 岁 ~ 13 岁为青年前期，16 岁 ~ 18 岁为青年中期，19 岁 ~ 22 岁为青年后期。中后期男女无差别。

在我国，著名心理学家朱贤智根据辩证唯物主义关于发展过程的量变质变规律，提出了描写儿童心理发展的年龄阶段的重要见解。他提出，儿童心理年龄特征的这些阶段性变化，乃是事物不断发展和发展又具有阶段性这一普遍的辩证规律在儿童心理发展上的具体体系。他认为，儿童年龄特征指的是年龄阶段特征。这种特征是儿童心理在一定年龄阶段中的那些一般的、典型的、本质的特征。同时，儿童心理特征具有稳定性和可变性。根据这一思想，他把儿童心理特征发展分为以下几个主要阶段：乳儿期（从出生到满 1 岁），婴儿期（从 1 岁到 3 岁），学龄前期（从 3 岁到六七岁），学龄初期（从六七岁到十一二岁），少年期或学龄中期（从十一二岁到十四五岁），青年初期或学龄晚期（从十四五岁到十七八岁），青年晚期（从十八岁到二十五岁）。朱志贤强调，整个青年期是一个人朝气蓬勃、走向独立的时期，是一个人开始独立决定自己生活道路的时期。

从以上各种观点可以看出，无论是国外还是国内，虽然所持的发展理论各不相同，但对青年期年龄阶段的划分还是有不少相近之处的，即都一致认为青年期是从儿童期向成人期过渡的时期。如果把进入少年期作为过渡年龄的起点，一般规定为 11 岁 ~12 岁；如果把进入青年期作为过渡年龄的起点，一般规定为 14 岁 ~15 岁。对于整个青年期（包括少年期）年龄阶段的划分，大体规定为十一二岁到 25 岁。

第四，青年期是社会文化的产物。之所以很难对青年期给予明确的划分，其最大的原因就在于青年期是社会环境、文化背景的产物。在不同的社会环境、文化背景下的青年，表现出来的特征、期间也自然不同。即使是处于同一社会制度、社会背景和文化背景下，不同的时代塑造着不同的青年形象，个体特征也会表现出不同的特性。这就很难确立一个统一的青年期的年龄划分标准，青年的年龄阶段就很难予以明确的划分。

我们知道，“adolescence”（青年期）源于拉丁语“adolescere（to grow up）”，意思是到成熟为止的期间。关于“成熟”，我们应该从两个方面考虑：一是生理成熟；一是心理成熟。关于生理成熟，从开始的时期我们可以把其规定为第二特征的出现。第二特征的出现，女子大体为10岁~12岁左右，男子大体为11岁~14岁左右。而性格成熟却要到18岁~19岁左右为止。可是，我们很难规定心理成熟的开始年龄和成熟年龄。不过，由于第二特征的出现，引起了性意识的觉醒，导致情窦初开、春心萌动，使得天真烂漫、两小无猜的童男童女一改常态，由此而进入思春期（从年龄上来讲是十四五岁左右）。经过整个青春期的各种心理体验后从年龄上讲是大体到二十四五岁左右，青年在心理上基本处于安定状态，世界观也大体得以确立，从整个情绪上也变得老练和稳健，青年趋于心理成熟。

我们一般认为，应该将童心尚在、青春萌动的思春期设定为心理成熟的开始阶段，将近乎老年人设定为心理成熟的年龄，以此作为划分青年期的标准。在划分的时候，还应参照制度来进行。由此我们这样划分青年期的年龄阶段（见表1-1）。

表1-1　青年期的年龄划分

时　期	年龄阶段	划分标准	教育制度（学制）
青年前期	十二三岁到十五六岁	思春期及一系列生理变化	初中
青年中期	十五六岁到十八九岁	疾风怒涛及诸种心理体验	高中
青年后期	十九二十岁到二十四五岁	成熟（生理、心理）	大学

当然，表1－1只列举了一种青年期的年龄阶段的划分方法，强调青年期的划分必须既考虑到生理成熟，又要考虑到心理成熟。就是既要重视生物因素的影响，又要重视社会因素的影响。

二、青春期的一般特征

青年期是人生的一个什么样的时期、具有什么样的特征，这既是本章所要阐述的主要问题，也是后几章中将尽可能详尽论述的问题。在此，笔者仅对青年期的一般特征做概括的、一般的说明。

1. 青年期在人生中的地位和意义

（1）第二次诞生。卢梭在《爱弥儿》一书中这样说过："我们在这个世界上出生两次。第一次是为了生存，第二次是为了生活。首先作为人而诞生，其次是作为男性或女性而诞生。"这是作为思春期变化而形成的起伏急剧的特征："这种情况，我称之为第二次诞生，这样，人才能作为生活中的人而诞生。……"

（2）"疾风怒涛"的时期。许多的心理学家将青春期比喻为人生航行旅途中的"疾风怒涛"般的不平静、动荡不安的时期。在这一时期，青年的情绪不稳，易于激动、烦躁、不安，来去无定，变化无常。他们有时会产生盲目的狂热、不计后果的冲动；有时又像落入了"冰窟"，消极、沮丧。

（3）过渡时期，行为不确定，边缘人的地位。心理学家勒温认为，青年期是由儿童"心理场"向成人"心理场"的过渡时期，由于生活空间的扩大，社会的变迁，造成青年在未知的环境中无法明确自己的行为方式。由于儿童和成人都构成了相应的集团，青年就成了介于儿童和成人之间的"边缘人"，他们既不能分享成人的权利，又不能停留在青春期以前即儿童的不负责任的状态。这种“边缘性”，会使青年产生社会地位无保障的感觉，并常常在权利和机会等问题上表露出被剥夺、不公正和不平等的情绪。

2. 青年期的身体及性成熟

（1）身体的发展：包括身高、体重、体力等的发展。

（2）性的成熟：第二特征的出现、生殖器官的成熟。

（3）性意识的发展：伴随着性的成熟，产生了与儿童期不同的性意识萌芽，导致性意识的觉醒和发展，

（4）发育的加速现象：近年来的许多研究表明，青年身体的发育、生理的成熟有明显加速的迹象。

3. 青年期自我的形成

（1）自我的觉醒。进入青年期之后，伴随着身体的发育、性的成熟、情感体验的深化、社会性的发展，青年开始摆脱儿童期那种肤浅的、表面的对外部世界及对自我内心世界的认识，而将自己的注意力集中到发现自我上来，即自我觉醒及自我的重新认识。

（2）第二反抗期。由于自我的觉醒，青年期表现出孤独、反抗等特征。这是与幼儿期的第一反抗期相对应而被形容为第二反抗期。反抗有虚张声势的反抗，也有英雄大无畏的反抗。前者为没有确切理由的和无主意的反抗，后者为给予一定信念和为达到一定目的的反抗。

4. 青年期的人际关系

（1）社会性发展：深化体验人际关系的内涵，开始学会并逐渐掌握与人交往相处的艺术。

（2）友情与孤独：进入青春期，一方面既希望于朋友的深厚的友谊；另一方面又经常甘愿忍受孤独，形成既求友情又甘

愿孤独的矛盾心理。

（3）对异性意识的改变与增强：到了青春期，开始萌发与儿童期具有质的不同的异性意识，由此产生恋爱情感。

（4）心理断乳期：到了青春期，青年开始要求从儿童那种父母的保护监督、依赖的关系中摆脱出来，自己来决定自己的行为，并在家庭中要求获得平等和独立的地位。

（5）对双亲的正反两方面矛盾情感：一般来说，青年前期和中期的青年，最容易产生对父母的反抗情绪。一些研究表明，高中一、二年级的青少年这种反抗尤为激烈。但是，这种反抗并不意味着敌视，其中也存在着对双亲的温情。这种对双亲的矛盾情感一直会持续到青年后期，此时青年就会一反常态，对父母开始现出明显的感谢之情。

5. 青年期情绪的动荡性

青年的情绪表现为激烈且起伏波动的动荡性特征，他们容易产生变革现实的愿望，敢想、敢说、敢做，自尊心、自信心强，好斗好胜。但思维的片面性大，容易偏激、摇摆。他们热心、重感情，但激情占有相当的地位，感情的波动性大。

6. 青年期智力的发展

在青年期，随着认识能力、抽象思维能力的发展，青年的智力得到了迅速发展，解决问题的能力得到了迅速提高。

7. 人生观、价值观的形成

青年期正处于人生观、价值观的确立时期，也是最为关心人生态度、生存价值等问题的时期。在为确立价值观、人生观而做出努力时，又始终伴随着怀疑、烦恼、挫折和失败。

第二节　青年生理的一般特点及其对心理变化的特殊影响

每个人从出生到走向成熟，都会经历两个生长发育高峰。

第一次是在人出生后的第一年，即乳儿期；第二次是在进入青春期后的青春发育期。由于外形的剧变、内部机能和性的成熟等，对青年学生的心理产生了很大的影响。青年学生在向成年人过渡的同时，必须适应由这些变化带来的影响。

一、青年学生生理的一般特点

1. 身体外形的变化

（1）身高的变化。身材迅速增高，是青年学生在青春期发育最为显著的变化之一，这是因为腿骨和躯干的变化。青春发育激素活动的加强，促进了软骨组织的生长，从而导致了身高的增长。青年学生身高的增长存在着性别差异，这表现在快速增长时期开始的早晚以及增长速度上，城乡之间有着一定的差别。2012 年我国有 24 个省的男子身高在 1.70 米以上，仅有广东等 10 个省份的男子身高在此之下，整体较 1987 年提高了 3 厘米以上。当然，就同性别而言，青年学生身高的增长也存在着早熟、晚熟的现象，即有的学生比一般人更早开始生长，提前一年、两年进入发育期的高峰，而有的学生则较迟进入发育高峰。

（2）体重的变化。在青春发育期，中学生的体重也在迅速增长。青年学生体重的增加，在很大程度上取决于其肌肉和脂肪的生长情况。尽管青年学生的体重增加也存在着差异，也有早熟和晚熟的现象。

（3）体型的变化。从青年开始，人的体型逐渐表现出鲜明的两性差异。经过青春发育，成为一个个亭亭玉立的少女和风度翩翩的少男。

从外形上来看，男青年整体上比女青年高些、重些。男青年喉结突出、肩部宽厚、肌肉发达；女青年颈部和肩部圆润、平滑，形成很柔和的曲线，乳房丰满突出。男青年髂宽窄于肩宽；女青年髂宽大于肩宽。男青年肌肉、骨骼发达，肘见棱角；女青年脂肪丰满，皮肤细腻。

从解剖结构来看，男女的骨骼、肌肉和肌肉在质、量以及分布上都有所不同。女青年骨骼比男青年轻，全身骨骼的总重量平均比男青年轻 20% 左右，骨骼的骨质密度较薄，四肢骨骼较短。由于下肢骨的长度是决定身高的主要因素，所以女青年一般比男青年矮一些。男青年肌肉发达，骨骼肌的重量占全身重量的 42%，女性只占 36%。男女肌肉总量的比是 5∶3，而且女性肌肉所含水分和脂肪较多，肌肉纤维内含糖量较少，因此，收缩能力差，容易出现疲劳。一般来说，男青年的体力比女青年的强。

2. 内部机能的变化

（1）内脏的变化。在青春发育期，青年学生的内脏有了很大变化，其技能得以加强。

一方面，青年学生内脏的重量大大增加。到发育期后，可增加到新生婴儿的 12 倍。同时，血压、脉搏的发展也逐渐接近成人的水平。到 14 岁 ~ 15 岁时，血压和脉搏分别为 110/70 毫米汞柱和 78 次/分，基本与成人的相同。

另一方面，青年学生的肺功能也大大完善。到 12 岁时，肺的重量为新生儿的 9 倍。肺的呼吸功能也随之增强，10 岁时的肺活量只有 1800 毫升左右，到 15 岁时，肺活量可以达到 3000 毫升以上。

青年学生内脏的发育也有差别。一般情况下，女生的发育比男生早 1 年 ~2 年，但是男生的内脏机能最终会比女生强。

（2）肌肉脂肪的变化。到青春发育期以后，不仅青年的肌肉重量在体重中的比例增加了，其肌肉组织也变得更为紧密，肌肉的力量大大增加，因此，青年学生的体力也随之增强。青年学生肌肉的生长有较明显的性别差异，这表现为男生的肌肉细胞增长比女青年快，而且力量也比女青年大。在青年学生肌肉成长的同时，其身体的脂肪也有了很大变化。值得注意的是，从发育高峰开始，男生的脂肪呈渐进性的减少，他们发育得更好的是肌肉，所以他们看起来显得更强健。不过，女生的脂肪却没有减少，而是“存积”在骨盆、胸部、背的上方、上臂、臀部和髀部，这样她们就日渐显得丰满起来了。

（3）脑和神经系统的变化。脑和神经系统的发育是心理发展的直接前提和物质基础。在青春发育期，其结构和机能的逐步成熟完善，为青年学生的心理发展，尤其是抽象逻辑思维的发展提供了保证。

脑的发育反映在它的结构和功能两方面。首先，青春发育期的学生大脑重量的增加并不算多。研究资料表明，10 岁时，大脑的容积为成人的95%，到了 12 岁则已经接近成人水平。不过，这一时期人的脑机能发生了很大变化，这首先反映在其脑电波的频率变化上。脑电波是人的大脑皮层有节奏的脑电活动，脑电波是大脑发育过程的重要参数。人进入青春发育期之后，脑电波频率逐渐加块，大脑发育基本成熟。其次，进入青春发育期后，学生的大脑在复杂的不断分化的过程中，沟回增多、加深，机能显著发展，趋于成熟。儿童时期脑的形成已经有了很大发展，但由于神经纤维的髓化尚未形成，大脑兴奋与抑制的过程不平衡，表现为兴奋性很强但抑制性较弱，直到青春期，脑皮层的兴奋与抑制过程才逐步趋向平衡。与此同时，第二信号系统的作用很快上升，到 14 岁以后便居于主要地位，比儿童期发挥了更重要的调节作用，这就使青年的抽象逻辑思维能力和理论思维能力得到充分的发展，并表现为记忆力增强、理解力快、想象力丰富等一系列新的特征。因而青年期是神经系统机能最充沛、生长力最强的时期，充满了智慧和活力。

现代科学已经表明，脑和神经系统的发育遵循着“用进废退”的生物规律，在青年期多用脑、勤学习，努力发展脑的功能，就能增长智慧，减缓脑的衰老进程。

（4）腺体和激素的变化。激素在很大程度上决定了青春发育期学生的身体变化，包括身体外形的变化、内脏机能的完善、脑的发育，以及性的成熟。

激素是由内分泌腺分泌到血液中的化学物质，它影响着细胞的活动。不同的激素被血液送到身体的不同部位，产生不同的作用。激素的分泌有下丘脑垂体系统控制。激素对人体有三种主要的功能。首先，它促进人身体外形和结构发生变化，比如生长激素促进骨骼的发育。其次，激素影响着人的先天行为模式的获得，比如哺乳行为。最后，是调节功能。比如体内细胞液的水平和盐的平衡就是由激素来完成的。

总之，激素对人的形态和机能的发育是至关重要的，如果它的分泌不平衡，就可能导致不正常的发育。

3. 第二性特征的出现和性的成熟

进入青春发育期后，青年学生身体形态上表现出的性别特征，就是第二性别特征，也称副性征。在青春发育期，睾丸、卵巢所分泌的性激素促成了第二性特征的发育，导致了男女青年形态上的性别特征及性器官、性功能的成熟。

（1）男性的第二性特征及性成熟。男青年的第二性特征主要表现为喉头突起，音调变低，上唇出现胡须，长出体毛，肌肉和骨骼发育，体态显得魁梧。

男性性发育是从睾丸的增大开始的，这是在 12 岁左右。随着睾丸的发育，其他生殖器开始发育，最终性器官发育成熟，具备生殖功能。

（2）女性的第二性特征及性成熟。青年女性的第二性特征主要表现为音调变尖，乳房隆起，骨盆变宽，臀部变大，皮下脂肪增多，形成丰满的女性体态。

女性的性发育开始于乳房的发育，这大约是在 11 岁左右。之后一年左右，内部生殖器官开始发育，在 14 岁左右出现月经初潮，最终性器官发育成熟，具备生育功能。

青年的第二性别特征的出现和性的成熟也存在着早熟、晚熟的差别。这些个差异与他们在身体外形和内部机能的变化方面表现的个别差异一起，使早熟者、晚熟者面临着不尽相同的心理适应问题。

二、生理变化对心理产生的影响

如前所述，处于青春期的青年学生的生理发生了很大变化，这些变化又以一定的方式影响着青年的心理发展，给他们带来如何适应的问题。

1. 生理变化对心理影响的方式

青年学生在青春发育期的生理变化，以两种方式对其心理产生影响，即直接影响和间接影响。

（1）直接作用。这是指生理变化直接导致了心理变化，即认为生理的变化与心理发展之间有直接的因果关系。比如，激素活动的变化会对心理产生直接的影响。有人在研究中发现，月经活动周期的第 22 天随着雌激素和黄酮体的含量大大增加，大约有 40% 的女性体验到更为强烈的抑郁、焦虑、自尊心下降、疲倦、头痛等状况。

尽管生理变化会引起心理的变化，但是，如果以生理变化直接影响心理发展的观点来解释青年学生的发展，则有很多现象无法澄清。因为生理变化实际上主要是通过个人和社会文化因素对心理活动产生影响，即它的影响主要是间接的。

（2）间接作用。这是指身体变化对心理发展产生的影响是由其他因素传递的，即通过个人因素和社会因素起作用。比如，在青年发育期，青年学生的发育是早熟还是晚熟抑或正常发育，这件事情本身并不产生多大影响，真正起作用的是本人或其他人对此所持的态度和看法。因为社会文化对个体的成长时间已经基本有了一种传统的、习惯的看法，人们正是依此来作为标准确定个人发育的早晚差异的。换句话说，在青春发育期，身体变化对中学生的影响并不是由于这些变化本身，更重要的是决定于他们对这些变化的意义和重要性的解释，决定于他们对他人所做出的反应的结束，以及他们对这些变化是否符合社会文化标准所做出的解释。例如，晚熟者可能就会觉得别人把自己当成小孩子看，而不是像对待其他同龄人那样。这样，晚熟者就可能出现自信心、自尊心下降等不利于自我发展的心理情绪，会对自己的身体形成消极的感受。

2. 早熟和晚熟的影响

青年学生的发育存在着早熟和晚熟的现象，这是由于他们在发育高峰出现的时间和发展的实际速度上的差异。这种差异影响着他们个性的发展和他们的社会行为。

（1）早熟对青年男女的影响：

一方面，早熟对于男性青年来说有明显的好处。由于女性的发育一般比男性早 1 岁 ~2 岁，而早熟的男性也比一般男性早 1 岁 ~2岁，这样，他们与正常成熟的同龄女青年在心理体验上更为相似，因而，他们有可能在平等的基础上与这些女青年进行交往。此外，早熟的男性青年由于肌肉发达，具有身体魅力，因而更有可能得到同伴的敬重，受到老师的青睐，成为受欢迎的人物或领导者，这些对男性的心理发展产生了积极影响。

另一方面，与男性处境完全不同，早熟的女性遇到了最困难的适应问题。由于比同伴提早发育1岁~2岁，无法与别人交流体验，分担自己的焦虑与不安。这种不利的情境会使女性对身体变化产生消极影响。此外，由于缺乏与同龄人在感情上的交流，可能导致早熟者逐渐厌倦学校生活。

（2）晚熟对男、女青年的影响：

一方面，晚熟的男性的处境，与早熟的女性相当。由于他们进入青春发育期的时间较晚，所以他们被当成孩子的时间更长。人们一般认为晚熟的男性不具备领导才能，因此，他们的自我评价会受到损伤。

晚熟的男性外表幼小，肌肉发育不成熟、力量较弱。这使得他们在竞技运动中难以获胜，在同伴中不受重视，尤其在与同龄女性的交往中使他们处于不利地位，晚熟者所面临的这些消极影响往往会持续很久，甚至延续到成年。

另一方面，晚熟的女青年较少受到不利影响，甚至她们的处境还有一定的优势。晚熟的女性一般与大多数正常发育的女性一同进入青春发育期。因而，她们与正常发育的男性同时感受到了发育高峰的身体变化，这为她们之间的交往提供了共同的心理基础。

综上所述，早熟的女性和晚熟的男性对于青春发育期的心理变化适应较困难，这些变化所带来的心理影响可能对他们有长期影响。所以，父母和老师应意识到这些差异，并且对他们的行为、智力和社会性等方面提出的期望，应该与他们的需要和能力协调一致。

第三节　青年学生心理的主要特点及其矛盾

一、青年学生心理的主要特点

1. 敏锐的认识能力

认识活动是人最基本的心理活动，它包括观察、记忆、思维等。青年期的认识活动处于人的一生中最活跃、最发展的水平，在观察、记忆、思维等方面准确、清晰、迅速、敏捷。青年期的认识能力与人生其他年龄阶段的认识能力有极大的差异。

（1）观察力特点。观察是一种有目的、有计划、有思考的知觉，是人认识客观事物的大门，是一切心理活动产生的开始。对于青年来说，观察力是学习、职业、社会活动以及家庭生活所必不可少的基础。青年期的观察力较儿童期有了很大的提高，主要表现在以下四个方面：

第一，观察的目的性和自觉性。进入青年期，观察的目的性和自觉性有了明显的发展，人们大都经历了一个由被动向主动自觉过渡的过程。这就使青年学生能有意识地、主动地探索周围的世界，有计划、有系统、有选择地观察各种事物，科学地认识事物。

第二，观察的持久性。青年在观察的过程中，能很有序地组织注意力并保持注意力的方向。根据观察任务的需要，青年的观察可以持续几分钟、几小时乃至几天、几年甚至若干年，较之儿童期那种短暂的观察有了长足的变化。

第三，观察的精确性。青年期完善的神经组织、丰富的观察经验、空前高度感受性，使青年有着精确的观察能力。在观察过程中，他们能全面、周密、不遗漏地观察事物的每一个细节。

第四，观察的概括性。青年的观察活动之所以是成熟的，其最大的特点之一是能够把零乱的、彼此不衔接的观察结果连接起来并加以对照、比较，找出他们的共同的本质特征。

（2）记忆特点。青年期是人的一生中记忆力发展的高峰时期，达到了记忆力的最高水平。青年的记忆力优势主要表现在以下几个方面：一是记忆的容量大，即在单位时间内能记忆大量的内容。研究表明，在相同的时间内，高中生的记忆量比初中生多一倍，比小学儿童多将近四倍。二是意义记忆占主要地位。意义记忆，即根据材料的理解，运用相关的经验进行的记忆。三是有意识记忆发挥重要作用。有意识记忆是指有记忆的意图或任务，因而采取一定的措施，按照一定的方法步骤所进行的识记。青年在学习过程中，常常是在有明确记忆任务的前提下，制定出具体的记忆步骤，并在记忆中不断地改进方法，最后获得清晰持久、深刻的记忆效果。

（3）思维特点。思维在人的成长过程中，有着明显的阶段性。到了青年期，由于知识经验不断丰富和第二信号系统的发展，思维方法发生了一次飞跃性质变，出现了高级的思维形式，同时出现了许多青年期特有的思维特点。

第一，思维具有独立性和批判性。他们变得不再人云亦云，喜欢独立地提出问题和寻找解决问题的办法，愿意独立思考，对事物的认识开始有自己独立的见解。他们喜欢探求事物现象的根本原因，对别人的意见和书本上的结论，不愿意采取轻信和盲从的态度，喜欢怀疑，喜欢辩驳和争论，喜欢探索和猎奇，喜欢提出一些新奇的想法，思维的批判性有了突出的发展。

第二，思维具有灵活性和敏锐性。他们能从不同的角度、不同的方面，运用多种方法来思考问题，并做到举一反三。能迅速地发现问题和正确地解决问题，容易接受新事物。

第三，思维具有逻辑性。他们逐渐摆脱具体形象和直接经验的限制，而借助于概念进行合乎逻辑的抽象思维活动，试图抓住事物发展的某些规律。

第四，思维具有广阔性和深刻性。在这一时期，青年思考问题更周全，对有关问题富有预见性，在认识问题和解决问题时表现出思维的全面性和广阔性。他们对世界充满好奇和兴趣，对各种知识热心寻求，从而达到许多前人未曾到达的深度。

第五，思维具有创造性。思维的创造性是指在已有知识和经验的基础上进行想象，加以构思，以新的方式来解决前人未曾解决的问题。青年人创新意识强烈，敢于标新立异，灵感容易迸发，所以，青年人的创造思维常常到达人一生中的最高水平，成为人生创造思维的发展高峰。

2. 丰富的情感

青年的情绪具有强烈而瞬息多变的色彩，因此，青年期又称为“疾风怒涛”时期，其情绪的主要表现是：

（1）突出的两级性。青年情绪两极性首先表现为易于出现强烈的极端性，即极易出现高强度的兴奋、激动、热情，或是极端的发怒、泄气、绝望。因此，青年情绪既有活泼、愉快、奋发、向上等积极向上的倾向，也容易出现低沉、悲观、颓废、沉沦等消极倾向。而且常常是稍遇刺激，即刻爆发，很难受理智的控制。青年的情绪还极易波动变化，即容易在两种极端情绪间迅速转化。因此，青年在客观刺激面前，常常表现为时而激动、时而平静，时而积极、时而消极，时而内隐、时而外露。

（2）出现内隐和闭锁。少年儿童的面部表情是其内心世界的显示器，而青年往往把自己的真实情绪隐藏起来，而表露出一种与内心体验并非一致甚至截然相反的情绪状态，形成了青年情绪上的内隐性。他们还能把自己的真实情绪有选择地暴露给不同对象，而对于他们认为不合适的对象则能有效地加以控制，不予以表露。

（3）特有的冲动性和爆发性。由于青年各种需求的强度很大，血气方刚的特点往往会使他们倾注旺盛的精力，投入极大的热情去力促需求的实现。随便一个情境与气氛的强化，便会使激情如奔腾的江水，一泻千里而难以遏制。青年学生的自控力虽优于儿童，但远不及中、老年人，一旦出现某种强烈的刺激，情绪便会突然爆发以至于在语言、神态及动作等方面失去理智的控制。青年情绪的冲动性和爆发性虽然发动起来强烈，但具有短促、急剧的特点，且事后多使青年产生内疚和悔恨的情绪。

3. 强烈的自我意识

青年的自我意识是青年心理发展中有突出特色的方面，是青年个性发展最集中的表现之一。青年的自我意识一般表现为如下特点：

（1）对认识和评价自我有浓厚的兴趣和急迫感，自我认识和评价的水平大为提高，但有时缺乏自我认识和自我评价的客观性与正确性。

（2）自我控制的愿望非常强烈，自我控制的水平明显提高，开始有了明显的自觉性。当然，青年自我控制的水平尚缺乏一定的稳定性，自制力表现出忽高忽低的起伏状态，缺乏持久的控制状态。

（3）独立意识强烈。青年已经意识到自己的独立地位，要求资助和独立，要求摆脱对成人的依赖。因此，在这个时期，青年亟需得到成人的理解和平等式的帮助。随着自主与独立的发展，青年的自制力日渐提高。当某些原因使青年的独立与自主意向受阻时，青年便会发生不满或反抗行为，产生对立情绪，甚至一旦不随心意，还会离家出走，以虚伪的成功来证实自己力量的存在，并求得一种不合理的独立。

（4）自尊心十分突出。自尊心是一个人要求自己受到社会、集体和他人尊重，维护自己的社会地位与荣誉的一种意识倾向，是一种与自信心、进取心、责任心与荣誉感密切联系着的积极的心理品质。自尊心在青年的整个心理活动中占有突出的地位。青年自尊心的强度大而敏感，无论是需要还是反应方面都是如此。青年自我意识的迅猛发展，使他们对触及自尊心的任何刺激都十分敏感。因此，真诚的赞扬和尊重会使他们感到欣慰而更加积极向上，诚恳的批评又常常使他们情感内疚和羞愧。而不负责任的嘲笑、忽视或蔑低，则极易使他们难以忍受而引起愤怒和反抗。

4. 日将完善的意志品质

青年学生的意志行动，随着他们的认识和情感的变化也表现出明显的自觉性、独立性、果敢性和自制力。他们能够独立地下决心，自觉地克服困难，并且能充满信心，持之以恒，坚持到底。同时，他们还能根据自己的目标来确定来评价自己的个性品质，并自觉而积极地锻炼自己的意志品质。

5. 觉醒的性意识

到了青春期，生理上第一性征和第二性征的相继出现，意味着性的成熟，这些变化反映到心理上便是性意识的觉醒。所谓性意识，是指青年对性的理解、体验和态度。性意识的觉醒是指青年开始意识到自己的性别，意识到两性之间的区别与联系。觉醒的性意识是自儿童期到青年期的一个重要的心理标志。青年性意识的发展，一般经历以下三个时期或阶段：第一个时期为疏远异性期。当青春期刚刚开始时，往往要经过一段比较短的想避开异性的时期。异性间的接触减少，心理和行为上出现隔膜，常常对异性表示反感。第二阶段为接近异性期。继反感期后，青年出现了愿意接触异性的倾向，原先那种对异性有意疏远的现象逐渐消失。他们重视自己在异性心目中的地位和印象，并竭力设法引起异性对自己的关注。他们在内心深处开始编织着具有浪漫色彩的爱云春梦。第三阶段为恋爱阶段。恋爱的特征，是爱情集中于某一个异性，对其他异性的关系显著地减少了。这个阶段的青年热衷于与自己中意的异性单独活动，不希望其他伙伴参加，友谊圈明显缩小。

6. 动荡的人生观

人生观是对人生的基本看法和态度，是人一种最高级的心理现象。青年时期是人生观形成的重要时期，因为这个时期，青年对社会、人生的知识经验不断提高，再加上高度发展的自我意识，使青年逐步达到自我完善，以期有意义地度过一生。

青年人生价值和理想的确立往往通过进行人生评价、确立人生目的和选择人生态度等过程来完成。青年人生观的形成过程，是对人生各种矛盾认识综合与统一的过程，是一个激烈的矛盾斗争过程。其中，既有书本知识与实践经验的矛盾，他人认识与自己认识的矛盾，成功与失败的矛盾，又有社会要求与个人愿望的矛盾。青年的人生观在这一系列的矛盾斗争中，逐步趋于成熟。

二、青年学生心理发展的矛盾

1. 独立性发展与成人管教的矛盾

由于青年学生身心的发展和变化，他们的独立性、自尊心和好胜心也逐渐增强。在行动上喜欢模仿成人并把自己当成是“成人”，因而对父母的细心呵护和无微不至的关怀，常常表现出不满，渴望独立自主。他们不仅厌烦成人再把他们当作“小孩”看待，而且最忌讳家长和老师在众人面前说他们的短处。又是为了维护自己的自尊，明知自己不对，也不愿虚心承认错误。他们对轻视他们的人非常反感。为了证明自己已经是“成人”，他们力图在各种场合表现自己，希望通过活动成绩来树立自己的威信。针对这种情况，父母或老师，如果不相信青年学生的独立性或者使他们的独立性受到阻碍，就会很伤他们的自尊心，使他们产生强烈的不顺从和反抗，如固执、执拗、抗拒等等，甚至和成人发生冲突，形成隔阂。如果完全放任不管也不利于他们健康成长。鉴于此，应该是既不要把他们当成小孩，注意尊重他们合理的建议与要求，也不要把他们当成成人，放任不管。要注意在克服他们幼稚性的同时，对他们进行积极的引导和教育，从而培养他们的个性品质。

2. 认识与行动不同步的矛盾

随着青年学生独立性的增长，行为的自觉性也在增长，他们不仅能领会父母或老师的要求，自觉地按照要求完成某项活动，而且还有一定的自我控制能力。但由于青年学生的认识水平还比较低，有时也会固执己见，对父母或教师的要求，合乎自己意愿的就办，否则就盲目地拒绝和顶撞。有时不能控制自己，冲动行事，过后又后悔不已。

与自觉性相反的是意志品质，就是具有较大的受暗示性。青年学生意志品质还不完善，很容易受别人或外界的影响，缺乏主见，轻易改变自己的决定。所以在他们的实践活动中，既容易接受良好榜样的影响，也容易受到某种消极因素的影响。在意志品质的理解上，他们分不清执拗与顽强、鲁莽与勇敢的区别。往往错误地认为敢于违抗师命、敢于顶撞父母、不顾后果的冒险是有主见、勇敢的表现。因此，父母和老师一定要善于诱导，提高他们的认识能力，培养他们的良好意志品质。

3. 强烈的个人活动需要与集体行为准则的矛盾

青年学生随着他们身心的发展和知识经验的积累，在实践活动中，个人活动的欲望日益增强，他们兴趣广泛，有时甚至有一些与学习无关的活动。特别是对一些不合理的个人活动，例如，对学校规章制度和集体纪律不允许的活动有着强烈的欲望和冲动。在欲望与纪律之间，往往会造成矛盾和冲突。这种矛盾和冲突如果不及时地加以消除就会出现各种消极的后果。如迷恋电脑游戏、网恋等，这种活动如果得不到及时的制止，就会导致经常性旷课、日常生活学习情绪低迷等情绪。长此以往，自然会受到老师和家长的批评，被同学嘲笑。同时，他们也会产生对集体的对立情绪和对自己自暴自弃的心理。

综上所述，青年期是人生的一个重要过渡期，它具有半幼稚、半成熟的特点。这个时期的青年学生正处于身心发展的突变时期，不论在生理方面还是在心理方面都存在着不少特殊的矛盾。这是一个独立性和依赖性、成熟性和幼稚性错综复杂、矛盾交织的时期。因此，对他们的教育要付出更大的劳动，为促进他们身心的健康发展，教育工作者的任务就在于要依据他们的心理特点，有目的、有计划地促进他们向成人期过渡，完成他们的人生设定的一次重大飞跃。

第四节　青年学生的烦恼

骤然而来的身体外形以及内在机能的变化，引起青年心理的发展和变化，使他们逐渐走向成熟。伴随着成长的喜悦和自信是前所未有的困惑与烦恼。

一、身体方面的担忧

烦恼和忧虑来自生活的方面。青年期最先和最容易引起青年焦虑、不安的是他们的身体。女性担心自己的身高、体重、乳房的发育和体型。男性担心自己的身高、体重、体型或体格、生殖器的发育等等。一个人对自己身体的感觉被称为身体意象。一个具有良好身体意象的人常常对自己的身体或身体的某些方面感到不满，也感到烦恼和忧虑。他们常常把自己的外貌和身体与别人或理想的标准相比，这些都会进一步加深他们的不安和忧虑。

青年女性关心外貌的内容与青年男性的区别就在于“男子化”和“女子化”的标准不一。小伙子希望自己的个子高些，而姑娘则希望自己的身材苗条些。如果说小伙子因身体缺少毛发而着急，女青年则相反，她们会因为毛发过多而烦恼或担心。青年期身体方面忧虑的产生是很自然的事情，因为人们常常忽略了这样一个事实，即要达到完全的发展，必须要经历相当长的一段时间。而每个人因遗传和环境的不同因素的影响，并不是站在同一条起跑线上的，有些青年发育的时间早一些，有些青年则发育晚一些，但经过适当的锻炼和营养，总是可以达到完全成熟的。对于自己的身体，我们应抱有正确的态度去接受它、喜爱它。因为正是每个人不同的外貌和不同的身体，构成了多姿多彩的人群，而人群中每个人的价值却不是取决于他的外貌和身体的，性格和能力等因素起着更为重要的作用。

二、自我认识中的困惑

青年期的学生越来越关注自己的内心世界。自己对自己的评价比别人的评价显得更为重要。自我意识的抓紧增强使注意力越来越转向自己的内心，开始尝到渗透在内心世界的不可言喻的喜悦，也开始体验内心的忧虑与困惑。

1. 自我拒绝

在自我意识的催促下，青年总是为自己勾勒出希望达到的自我追求目标，并确立理想自我。但现实自我一般总是落后于理想自我的，所以他们在不知不觉的自我观察和自我分析的过程中，意识到二者的差距，因而产生自我拒绝，并在这种自我拒绝的矛盾中苦苦挣扎。

自我拒绝的学生常常无端地轻视和怀疑自己，把自己看作是一个无用的人，甚至怀疑到生存的意义。他们可能会突然感觉到不喜欢自己的一切，如自己的容貌、身体、能力、性格、人际关系等，似乎自己正面对着一个完全不能接受的自我，一切都觉得那么无法忍受，以至于自怨自艾，陷入妄自菲薄的境地。

其实，在自我意识的发展过程中，这类暂时的自我拒绝是正常的心理现象，也是青年学生成长的最好证据。我们正是在自我肯定和自我否定的交替过程中，逐渐肯定自己和否定自己的某些言行，不断发展自我的。一位心理学家说过："我们所有的人，只要活着，都具有改变自己的能力，甚至具有根本改变自己的能力。"在经历不安、怀疑、焦虑的同时，青年们总是想方设法解决自己眼下的困难，努力地缩小着现实自我和理想自我的差距，朝着理想一步一步迈进。

2. 孤独中挣扎

青年期的孤独感归结于自我意识的发展所带来的角色冲突。青年脱离了父母的感情和心理的襁褓，自我意识日趋成熟，开始独立面对社会，面对矛盾和挑战，这对他们每个人而言都是一种全新的感受。脱离家庭和父母在感情上的约束，使他们从一开始就产生孤军奋战的感觉。自我意识发展所带来的对自我独特个性的认识，以及对自己内心活动的更多关注，都加深和加速了他们对孤独的体验。一个高年级的女生在日记中这样写道："一种恐惧感现在紧跟着我，我感到孤独。过去的我也许是社会的中心，而现在却不然了。但是多么奇怪，这一切并没有伤我的心，没有使我感到委屈，我变得孤独了。我希望，谁也别闯进我的生活，我对一切都是漠不关心，唯独对我自己不是这样。过去，当我冷漠的时候，我就想：生活是为了什么？但是，我现在非常想生活。……"这个姑娘所写到的孤独感就是一种正常现象，是自我意识发展产生的结果。

孤独并不可怕。实际上，孤独感的体验也是青年成长和走向社会的必经之路，它对青年的成长及成熟具有重要意义，使他们体会和了解人独特的个性。虽然如此，长时间的孤独却不利于青年的健康成长。孤独所带来的消沉、寂寞、难过、失望和痛苦等消极情绪如果长时间盘踞在心中，就有可能造成性格的孤僻，而孤僻是很难和社会生活相容的。所以，有孤独感的青年渴望摆脱孤独。

摆脱孤独并不是一件容易的事情。这里介绍三种方法，也许值得青年朋友一试：一是沟通法。勇敢地打破内心的禁锢，敞开心扉，袒露自己的内心世界，寻求理解、信任和支持。二是移情法。孤独的时候，越是过分地关注自己的内心，就越是容易加重孤独的自我感受。而丰富的生活情趣可以转移自己对引起孤独的食物或内心世界的注意，使思想感情从孤独的束缚中游离出来。三是意志法。有时孤独感来得过于强烈和凶猛，使自己措手不及。朋友的安慰也难以抚平自己内心的寂寞和忧伤，兴趣爱好难以转移孤独的感受，那么，就只能依靠自己坚定而顽强的意志去扭转孤独的感受，努力使自己快乐起来，相信自己的一切，相信孤独很快就会过去，甚至强迫自己不把这种孤独的感受放在眼里。

三、学业和成绩方面的忧虑

对学业和成绩方面的担心是青年学生烦恼和忧虑的又一主要来源。学习是学校生活中的主要部分，学生的许多烦恼也就因此而产生。如担心学习跟不上教学进度，担心作业和考试太多，担心考试成绩不理想或不好，等等。

其实，适当的担心可以督促学生自己的努力和上进，但过分担心和由此产生的烦恼和焦虑就会适得其反。它容易使青年学生处于长期的压抑状态中而难以自拔，因此，青年在这种状态下，其主观能动性就很难发挥，自然会影响到学业和成绩。因此，减轻学业方面的最好的办法就是增强自信心，提高学习的自觉性和效率，重视学习的反馈，及时找出学业上的主要问题，制定切实可行并有效地解决办法，使自己学得轻松，学得富有成效。

四、人际交往带来的烦恼

进入青年期，由于生理和心理上的迅速成长，使青年对交往、对社交、对友情等有了更明确、更强烈的渴望。他们渴望心与心的贴近、沟通和共鸣，有真正意义上交友的强烈愿望。由此，也带来一系列的社会中的烦恼。

1. 社交恐惧与羞怯

交往中，一个突出的问题就是直接面对和接触别人，要直接用语言和别人进行交流。这就必然在青年的心理上产生一定的恐惧和担心。由于人与人之间的交往有多种方式，在生活中每个人的性格都各有特点，这就为青年与他人的交往带来了不确定性。对此，青年应该掌握社会交往中的基本常识性的东西。一般来说，人与人之间的交往通常有交谈、书信往来、班级会议、小范围的朋友聚会等等。随着年龄的增长，个人的独立性也会随之剧增，部分学生对社会交往尤其是那种面对面的交往的恐惧也在不断增加。每一次抛头露面的机会都会令他感到浑身不自在，似乎有几十双眼睛在挑剔地审视自己，企图要看出他们的内心恐惧。如果遇上班级组织发言讨论，他们则是能躲就躲，使原本已经十分不安的心又平添了许多懊悔和自责。

怎样才能排除这种越说越乱、越做越慌的恐惧心理，做到落落大方、镇静自如地与他人正面交往呢?

首先，要战胜恐惧，克服过分的自我意识。仔细想想我们之所以在别人面前那么紧张、言谈举止那么不自然，主要原因是因为过于注重给别人留下好的印象，不能专注于要说的话和要办的事，结果是事与愿违，自然是一团糟。所以，战胜恐惧首先要忘却自我。要像一个 4 岁的小孩子那样，无拘无束地展示自我。

其次，要寻找机会反复锻炼自己。社交的恐惧、与人交往的羞怯，只能在与人交往的过程中逐步医治。正如卡耐基所言：“克服演说恐惧症的最好办法，除了练习，还是练习。”只有历尽痛苦的煎熬，才能享受到社交的乐趣。

总之，社交恐惧其实是一种普遍现象。我们只有努力去战胜它，才能实现心理上的自我超越。

2. 交往中的自卑心理

青年期的人际交往，使青年步入一个更广阔的世界，在更大的参照系范围内，寻找和确认自己，使他们在享受交往带来的喜悦、快乐的同时，感受到自身的成长的力量，也感受到那种独立于世、纵情驰骋的自信。不过与此同时，自卑感有时也会像夏日的乌云一样，悄悄袭上心头，使他们产生自我怀疑和自我否定。尽管有时他们装出若无其事、万事皆不在话下的神气，夸张地炫耀自己的自卑，可无论怎么掩饰，自卑感都像影子一样难以摆脱，令青年学生感到心情压抑，感受到生活带来的烦恼。

其实，人人都有自卑感，只是每个人表现的程度不一样或不同而已。自卑感严重的人，往往过低地估计自己，怀疑自己的能力，进而放弃追求目标的努力。在他看来，追求与不追求一个样，反正自己不行，于是，已有的才华和能力也不去找机会表现，自卑沮丧的心理阻碍了他才智的发展。由于别人对他的内心活动无从知晓，只能通过他的行为结果来判断他。这种结果反过来又加重了他的自卑感。而且，自卑的人往往由于对自己的看法消极，而导致凡事往往都从对自己不利的方面去考虑，导致本来是自己离群索居，却感到被众人抛弃，内心因此备受折磨。因此，如果不克服自卑感的话，他的一生将在自卑感的压迫下毫无生气地度过，终生笼罩着自卑的乌云而一事无成。有人说，自卑是潮湿的火柴，永远也燃烧不起成功的火焰。因此，青年人只有扬起自信的风帆，与自卑心理抗衡，才会健康快乐地成长，自由的施展自己的才华；才能在社交中不卑不亢，享受人际交往的欢愉。

第五节　青年学生形象塑造

青年期是从儿童到成人的过渡期。因此，这一时期的青年身上既有儿童期的痕迹，又有成人期萌芽的东西。他们从生理、心理、社会三方面都发生着剧烈变化。青年学生应适应这些变化，不断提高自己的心理素质，保持良好的心态，完善自己的个性，陶冶自己的情操。

一、树立正确的人生观和世界观

人生观、世界观是人格结构的核心。青年学生正处在人生观、世界观的形成期，有了科学、正确的人生观和世界观，才能对社会、对人生、对世界有适当的认识，采取适当和妥善的行为方式去对待。

当下，世界各国正处在激烈变革时期。经济危机、金融危机以及信息技术的日新月异的挑战，尤其是互联网时代的到来，给正由温饱型向小康型转变的中国社会带来了前所未有的挑战，也为青年在人生观、世界观等有关价值判断、人生追求选择等问题上，带来了前所未有的困惑。但勤于学习、善于创造、甘于奉献，成为有理想、有道德、有文化、有纪律的社会主义新人，应是青年学生奋斗的共同目标和方向。

二、学会自我适应与不断校正自我

青年朋友要学会适时地从身边的榜样中不断校正自己，增加社会正能量才最关键的。作为新世纪的大学生，如果希望自己堂堂正正地做人并做一个“大写的人”，首先要具有为他人服务的意识，有为他人奉献的精神。唯有这样，才能赢得真正的朋友，才能有自己靠得住的朋友，才能真正成为有公信力、受人尊重的团队的一员。为此，我们就要扎扎实实地全面提高自己的综合素质，努力使自己早日成为一个具有真才实学的人。唯有这样，我们才能在浩浩荡荡的人才大军中成为打先锋的佼佼者。

第二章

青年学生的自我意识

作为一个社会独立成员，从事社会的各项实践活动，都是以自我意识作为中介而实现的。自我意识是个体社会化的结果，自我意识的形成与发展又会进一步推动个体的社会化。确立具有新时代特征的自我意识体系，能有助于个体发展并跟上时代的步伐，促进个体社会化。

第一节　自我意识发展的一般规律

自我意识是个体最重要的组成部分，它的形成与发展是心理科学与教育科学最重要的问题之一。

一、什么是自我意识

自我意识是意识的一种形式，指主体对自身的意识。它包括“主我”与“客我”两个对立的部分。主我指主体的我，它是对自己活动的觉察者，包括理想主我（主体想表达的完善的形象）和投射到自我（或镜子中的我，指主体想象的自己在他人心目中的形象）；客我是客体的我，它是指被觉察到的自己的身心活动，及现实自我。美国社会学家 G. 米德把前者称为

"I"，后者称为"Me"。比如，我们说："我觉得我很快乐"，主语的我指主体我（I），宾语的我指的是客体我（Me）。自我形象是在主体的我与客体的我的矛盾中运动产生的。主体我对客体我察觉的内容可以分为三部分：一是物质的自我，即对自我机体及状态的意识；二是社会的我，即对自己的社会角色、社会关系的意识；三是精神的我，即对自己的情感、智力、兴趣等心理特征的意识。

人类自我意识的存在，意味着人把自己的生命活动和一切的心理活动作为自己的意识的对象，它是人类意识与动物心理的最根本的区别，是人类区别于动物的本质特征之一。

二、自我意识的结构

自我意识是由许多要素构成的复杂的体系，它包括以下成分：

1. 自我认识

"人贵有自知之明。"自我认识是自我意识首要的成分和构成基础。所谓自我认识，乃是主体的我对客体的我的认识与评价。它包括自我观察、自我分析、自我评价。自我认识过程是人们把自己作为观察对象，把观察到的有关自己的情况加以分析、综合，从而对自己的能力、品德及其他方面的特点作以判断和评价。

2. 自我体验

自我体验是一种特殊的情绪体验，即主体的我对客体的我的一种态度。如自信、自卑、自满等各种自我体验形式。自我体验反映的是主我的需要、要求与客我的现实之间的关系；如果客我满足主我的需要，就会产生积极、肯定的自我体验，如自尊、自信等情绪；如果客我不能满足主我的要求，则会产生自责、内疚、羞耻等体验。

自我体验的积极与否不仅决定于活动的结果，还与自己对社会规范的认识、价值标准的认识有关，它们直接影响到自我认识、自我评价。如果过高或过低评价自我就会使人表现出自高自大或自卑、胆怯。只有恰如其分的自我评价才能产生良好的自信感。人们都生活在一定的群体中，自我体验又与来自群体的社会评价相关。当社会评价满足个体需求时，人们会产生积极的情绪体验，反之，则会产生消极的自我体验。

自我体验的内容很丰富，这里介绍几种：

自尊心。自尊心又叫自爱心。它指的是个体尊重自己的人格与荣誉，不容许别人歧视和侮辱，也不向别人卑躬屈膝，保护自我尊严的一种体验。有自尊心者，受到表扬会更加严格要求自己，受到批评会更加发愤图强，自尊心可以成为人们力争上进、不甘落后、努力拼搏的精神动力。如果一个人不能有效地维护自己的自尊心（比如常常受到周围人的伤害的人），则可能产生退缩、自暴自弃等行为，也可能引起个体用反社会规范的行为来表现和维护自己的自尊心。

自信心。自信心是指主体对自己力量的充分估计，从而认为自己有把握来完成某种活动或对某种活动结果持肯定态度时的个人体验。自信心是人成长与成才不可或缺的心理品质。日本教育家田崎仁分析统计了学生成绩差的原因，认为约有三分之一的学生是由于缺乏自信心。

自豪感与羞耻感。当个体活动获得成功时或个体在活动中表现了优点的时候，会产生相应的成就感和自豪感。反之，就会产生羞耻感。自豪感与羞耻感的产生不仅与现时的活动成果有关，还与过去的成功与失败的体验有关。多次的成功，个体会相信自己的能力，会产生自豪感；经常性的失败，个体就会对自己失去信心，容易产生无能感、羞耻感。同时，自豪感和羞耻感还与个体的价值观念与自我要求相关，一个唯我独尊或对自己要求很高的人，往往受不了失败的打击，容易产生羞耻感。自豪感和羞耻感又使人产生自我压抑，从而让自己加倍努力去做得更好。但过于强烈的羞耻感常常会产生负面的影响，它使个体产生自卑心理，变得自暴自弃，一蹶不振。

3. 自我监控

自我监控即主我对客我的监控与调控，也就是指主体我对客体我的心理与行为的主动掌握，包括自我检查、自我督促、自我控制。自我检查过程是主体头脑中将自己活动的结果、预期行为与社会标准、规范加以比较，以保证个体行为符合社会规范；自我监督是个体以其良心或内在行为准则对自己的言语与行为实行监督，无须任何外在的形式的监督而听命于内心自我监督的行为才是其真正的、自觉的意志行为表现；自我控制指主体对自我的心理与行为的发起、调节或制止的过程。自我控制有时能掩盖自己真实的情况，被称为“自我掩饰”，这种自我掩饰在生活中很常见。如“面和心不和”，“打肿脸充胖子”等行为，就是典型的代表。但自我掩饰不一定都是消极的，弄虚作假的自我掩饰固然不可取，但有时出于礼貌等需要而掩饰自己真实的感受则有积极的社会意义。比如，被人无意中踩了一脚，虽然你疼得想叫，但面对对方的道歉，你只能说“没关系”。

自我意识是一个统一的有机整体。自我认识、自我评价、自我监控是自我意识不可分割的三部分。它们总是相互影响、相互制约、相互促进。自我认识的水平，尤其是自我评价的水平式衡量自我意识发展水平的主要标志，它直接影响到个体自我体验的内容和自我控制的力度。

三、自我意识的意义

人们在日常的学习、工作、生活中，自爱和别人交往或团体活动中，都需要创造一种和谐的、协调的氛围。良好的自我意识是保持这种协调的平衡器。只有个体能够意识到自己在别人心目中的位置、在团体中的地位与作用，意识到自己的能力与不足、优点与缺点，意识到自己的责任与义务，才能自觉地调整和控制自己的行为与态度，从而与周围的环境保持良好的适应并有效地影响环境。

在不断增长着体力与自主性的青年期，自我意识的发展对其个体健康发展有着重要的意义。原因为：第一，青年学生的良好个性形成有赖于自我意识的发展。人的个性既是社会化的产物，也是自己塑造的产物，它是在自我意识的参与和作用下形成的。自我意识可以调节人们对外界刺激的反应，社会环境的影响要通过自我意识的“过渡”才能影响到个体的行为。同样的刺激，引起个体的体验不同，个体所表现出的态度和行为方式也就不同。由此则影响到个体形成不同的个性品质。比如，面对仅存的一杯水被人偷喝了一半的情况，有的人是暗自庆幸：“幸好还剩下半杯水”，其体验是积极的；有的人则暗暗叫苦：“真倒霉，只剩下半杯水了”，其体验就是消极的。长此以往，前者终将形成乐观豁达的个性品质，后者则容易形成悲观消沉的个性品质。第二，自我意识影响青年学生个性发展的统一性和完整性。在活动过程中，个体掌握一定的社会标准，形成相应的自我观念，并影响到个体以后的行动。自我意识调控功能使个体在不同情境中会有统一的行为反应，保证个体发展的统一性和完整性。如果自我意识歪曲或有障碍，则会导致人格异常或人格障碍。如果自我意识对个性系统的协调监督功能丧失，就会导致人格分裂，产生双重人格。第三，自我意识影响个性发展方向。处在统一社会环境和社会条件中的人，总是根据自己的能力、兴趣等来把握决定自己个性发展的方向，并主动调整自己的潜力去实现这种发展的要求。妄自尊大和妄自菲薄的人，其选择的发展方向一定是不同的。个体还能够根据自我观察、自我分析和自我体验判断以往的自我发展要求的合理性和可行性。如果以往的发展要求不切实际，主体便会改变对个性发展的要求，使个性朝着新的方向发展。

四、自我意识的形成与发展

在人的成长过程中，自我意识并非是与生俱来的。孩子出生时只是一个生物个体，没有自我意识。

在不同的年龄阶段，自我意识的水平不同，其指向性也不同。

1. 物质自我（生理自我）的形成

1 岁 ~3 岁，幼儿自我意识经历了区分动作与动作对象，区分自己与自己的动作，学会使用“我”这一概念，三个相对明显的发展阶段，揭开了主体化的序幕，物质自我形成。此时，幼儿主体性形成，凡事都想自己来，出现了第一个反抗期。此时幼儿有明显的羞耻感，它是抵制不良行为的“抗毒剂”。其自我意识有明显的“自我中心”倾向。

2. 社会自我形成

从 3 岁到青春期，儿童从各种环境中的活动来认识自己的社会角色，逐渐形成社会的自我。这一时期，儿童的自我意识逐渐客观化发展，能比较客观地评价自己、认识自己，逐渐学会摆正自己同社会、同别人的关系。这一阶段，是人生最为重要的时期之一，它影响着个体人的人生观和价值观的形成。

3. 精神自我（心理自我）形成

从青春期到成年期，自我意识开始逐渐成熟。主我与客我的分化，个体通过主我分析、评价、监督作为个体的客我，认识自己的内心世界，审视自己的人品。这一阶段中，个体的个性逐渐形成，能以自己的倾向、价值观和世界观去对待社会、处理问题，实现自己的人生目标。这时的人们能够比较全面地对自己和别人做出评价了。

第二节　青年自我意识发展的主要特点

自我意识的发展过程是个体不断社会化的过程，也是个性特征的形成过程。儿童3岁左右可以用“我”来标示自己的时候，意味着自我意识的发展完成了一个飞跃。这之后，自我意识相对平稳地发展。到了青春期，个体的自我意识发展又进入一个崭新的时期。随着身体的迅猛发展，性意识的觉醒以及在社会和家庭中地位的变化，青年学生出现第二个明显的心理反抗期，自我意识的发展进入第二个飞跃。

苏联心理学家科恩认为，青春期最宝贵的心理成果是发现自己的内心世界。这种发现对青少年来说，等于一场革命。实际上，进入青春期的孩子，不再像儿童时期那样对父母依赖、顺从，他们有了自己对未来的憧憬与设想。他们开始不愿意与成年人交流思想，而且与同龄人也开始有了隔膜，开始有越来越多的“小秘密”，也开始有许许多多的苦恼和烦恼，原来和谐的生活变得不那么协调了。他们在尽量摆脱成人的监控，追求独立；他们对外界事物产生怀疑与批判，突出现时自我的力量。这一时期，他们自我意识的能力和水平都显著提高，有人称此时期为“心理断乳期”。此时自我意识的特点大致有如下特征：

1. 主我与客我的分化日趋明显

青年期是一个“自我发现”的新时期。此时，儿童期的那种笼统的、稳定的“我”被打破，分化为主我与客我。自我的分化使青年学生站在观察者的角度对自己的内心世界和行为进行观察和分析，开始认识并体验过去自己从未注意到的“我”的许多方面和细节的内容，并开始内省、思考自己的问题。有时，青年学生会对“自我”存在的发现而出现矫枉过正的现象，他们不仅有了自己的观点和思想，有自己决定行为的欲望与行动，而且还会使“自我”膨胀，出现“自我中心”、“独尊自我”，表现出“标新立异”、“我行我素”，过分地强调自我的意志，不把权威和家长放在眼里，时时表现出对他们的反抗与挑战。这些表现很容易被社会误认为是狂妄自大、自以为是。其实，这种状态的存在是暂时的、短暂的，大多数青年学生的这些表现不是道德意义上的不良行为，而是心理发展的产物，正如歌曲中所唱的那样：“我不是一个坏小孩。”

2. 对自己的生理面貌极为关注

青年学生非常关心自己的生理面貌，比如很在乎自己的身高、体型、长相、服饰等，会花较多时间流连在镜子面前，关注自己的形象，因而有人称此阶段为“镜像阶段”。在穿衣打扮上，他们不再顺从父母的安排，而是有了自己的喜爱与主见，在审美观点上还很容易与家长之间出现所谓的“代沟”。此时的青年对生理缺陷最敏感，甚至于一些对成年人来说根本算不上什么缺陷的内容，比如单眼皮也会引起烦恼，他们也最容易成为生理缺陷的牺牲品。随着年龄的增长，青年学生会慢慢地习惯自己的外表，认可自己的外表，对生理面貌的担心与不安全感逐渐减弱，转而关注自己的内在品质，如智力、才能、意志品质和道德品质等，并自觉地完善自我。

3. 对自我连续性的认识

青年学生的时光流逝的主观速度显著加快，他们时而觉得自己很年轻，时而又觉得正好相反。他们此时能感受到自我的连续性与同一性，即在时间发展上明确自己现在的我是过去的我的发展的结果，是将来的我的起点，主体对自我的评价与他人对自我的评价日趋一致和统一。强烈的不可逆转感促使青年学生更经常地考虑自己的能力与前途，思考人生的意义，考虑如何度过一生等问题，进而去寻找更有意义的生活方式。

4. 对自己内心世界和个性品质的关注

心理学家们曾在不同国家和不同的环境下，对不同年龄的儿童进行过这样的测试实验，据苏联心理学家科恩的《中学高年级学生心理学》显示的内容，即要求儿童续写一篇未完成故事或根据一幅图编写一个故事。结果，儿童和年龄较小的少年主要描写动作、行为和时间，年龄较大的少年和青年则主要描写人物的思想和感情。这表明了青年学生开始对别人和自己的精神世界表示关注了。他们在读小说时更注重主人翁的内心体验，他们开始更自觉、更主动地记日记。在日记中，内容也较深刻地反映了他们的内心体验，可以从中清楚地意识到主体的与众不同。不过，此时他们对个性的自觉性水平不高，仍摆脱不了“自我中心”的状态。

5. 产生“成人感”

所谓“成人感”是指青年学生感到自己长达成人，渴望参与成人活动，要求独立，渴望得到尊重的体验。它是青年学生个性发展的表现，是青年学生自我意识迅速发展的重要特征，也是人的个性发展的转折点，有助于个体迅速地走向成熟。随着“成人感”的产生，青年学生进而产生了强烈的独立意识，他们愿意以成人标准要求自己，要求教师与家长能尊重与理解自己，与自己建立平等的朋友式的关系。他们对一切都不愿顺从，在生活中，从穿衣戴帽到择友择业，对人对事的看法，常与成人处于一种相抵触的情绪状态中。如果成人对他们干预过多，容易引起他们的逆反，还会表现出一些模仿成人的不良行为，如抽烟、喝酒，甚至早恋。如果成人尊重他们的成人感，彼此之间的沟通则会相对容易些。青年学生的“成人感”的表现，一方面是向外界显示自己的独立人格，另一方面则有掩饰自己软弱的意义。

与成人感性伴随的，是青年学生的心理上的“闭锁”，有调查表明，当初中生受到委屈时，46%的学生表示习惯在心里，38%的学生爱告诉朋友，愿意告诉父母、老师的只占6%～13%（年级不同有所区别）。此项研究一方面表现了青年学生的闭锁倾向，另一方面也可以看出处于孤独、寂寞的闭锁状态的学生，也需要朋友之间的同情与理解，他们一旦找到朋友，就会推心置腹。他们此时还有一个可以敞开心扉的朋友式日记，面对这个不开口的朋友，他们会毫不保留地倾吐自己的心事，然后再加上一把小挂锁来锁住心里的小秘密。

6. 自尊心敏感而强烈

自尊心是青年学生最敏感最不允许别人亵渎、侵犯的部分。每个人都希望自己能够获得社会的承认和周围人的赞赏，希望自己在集体中居于适当的地位，得到较好的评价与重视，从而体现自我价值。这种尊重自己的人格并希望别人也尊重自己的体验是一种自我与社会的需要。在教育过程中，我们发现那些得不到老师重视或学业上常常处于失败地位的学生，或极为自卑，或违规的现象比较多。自卑往往是自尊心得不到维护与满足，个体妄自菲薄、产生无聊、退缩行为而造成的。而有的人则因为自尊心受到伤害而用违反社会角色规范的形式来满足，如挑衅闹事、玩世不恭、自杀或表现出一系列自暴自弃的行为。因此，教育过程中要尊重学生的自尊心，并引导学生以正当的方式来表现和维护自尊心。

7. 自我监控能力的提高

自我监控的确立，是个体自我意识成熟的重要标志。青年学生的自我监控处于动态发展之中。首先，他们的行为目标要求明确而统一。进入青春期后，由于身心的发展，社会活动范围的扩大，社会交往的增多，社会地位的变化等，青年学生存有复杂多样的物质和精神的需要。复杂而多样的动机使得个体的行为一向多样而不稳定，常常因某种事物或某个人而发生改变。到了青年中、晚期，随着人生观、世界观的确立，个体各种分散的、具体的行为目标日趋明确，并促使个体为实现自己所认定的目标而努力。其次，个体能够自主的调控行为。小学生常根据老师或家长的要求来调整自己的行为，进入青春期后，青年学生开始要求摆脱成人的监控，表现自我的能力。他们喜欢自主行动，自我调控的独立意向越来越强，实现着行为调控的力量由外向内的转化。最后，青年学生行动过程中的自觉性、计划性增强。随着青年学生年龄的增长和知识经验的增多，他们对事物的认识、判断能力增强了，主观意识到自己活动的目标、活动方向。而且，还能制定实现目标的方向和行动活动过程的反馈、监控、调整的功能。此外，他们行动的冲动性明显减少。

第三节　青年自我意识发展的正确方向

一、要有较客观、全面的自我认识和自我评价

20 世纪初，心理学家科里指出：如果一个人看不到自己的

价值，只看到自己的不足，感觉自己处处低人一等，什么都不如人，就会丧失信心，产生讨厌自己并否定自己的自卑感。这样的人就会缺乏朝气，缺乏积极上进的积极性；如果一个人只看到自己比别人好，别人都比不上自己，这样的人就会产生盲目的乐观情绪，自我欣赏，自以为是，因此就不能处理好人际关系，调动主客观双方的积极性，还会遇到社会挫折，产生苦闷。

正确的自我认识和自我评价对个人的心理及行为表现、对协调社会生活中的人际关系都有重大影响和作用。但是，现实生活中，个体对自己的认识与评价不可能做到各方面都恰如其分。其原因大致有三个方面：一是个体不易找到自我评价的客观尺度，心理内容也只能靠人的行为去推测，而人们又偏偏有“言不由衷”、“身不由己”的时候，其心理本质不易把握；二是人们不易剖析自己，不愿面对自己的缺点和不足，尤其是自我评价时，有把成功的因素归因于自己的能力等内在因素而把失败归咎于外界影响的倾向；三是认识与评价自己的过程是一个受诸多因素影响的复杂的过程，它除了受认识的因素影响外，还受到个体的需要、动机等其他心理因素的影响，往往容易过高或过低地做出自我评价。如果个体对自己的估计与社会上其他人对自己的客观评价过于悬殊，就会使个体与周围的人的关系失去平衡，产生矛盾。长此以往，就会非常不利于个体心理的健康成长。

青年学生如何才能较客观、全面地把握自己，对自己做出较可观、全面的评价呢？

1. 积极参加社会实践

社会实践的过程，就是青年学生展示自我的过程。在对外界的反映与改造的过程中，通过团队的组合和团队中队员的配合与分工协作，可以充分展示他们各自的智力、体力、品格、动机、兴趣等本质力量。同时，在社会实践活动中，通过活动结果的反馈，又可以使青年学生感受到自己的长处与不足，从社会实践中了解自我的能力与特长，从而对自我内心的体验更加明确。

2. 加强人际交往

在人际交往的过程中，我们可以借助他人的力量来认识自己。首先，可以通过社会比较来认识自己。俗话说：物以类聚、人以群分。在与同伴的相处过程中，我们可以从与自己条件、地位类似的人身上，看到自己的影子；可以从某些榜样人物身上看到自己的不足，找到自我完善、自我追求的目标；可以从后进者身上发现教训和戒律。其次，我们还可以通过他人对自己的态度与评价来认识自己。从个体的发展过程来看，儿童对自己的认识首先是来自他人的态度与评价，尤其是他们的家长、老师等可亲可敬的人对他们的评价与态度，是他们认识自己的重要来源。随着年龄的增长，他们慢慢有了自己的评价态度，并且会选择性地接受他人的评价并形成关于自己的观念。社会比较理论认识认为，当个体发现自我评价与身份、地位类似于自己的人评价一致时，就会增加自我评价的信心，大大地提高安全感，否则就会使自己的意见受到极大的威胁。

在人际交往过程中认识和评价自己时，要注意克服一些负面的影响。一要注意选择合适的比较对象。在个体选择比较对象的过程中，为了增加安全感，往往容易找一些能力等各方面比自己差的人，以显示自己的优异，提高自己的社会地位，即日常所说的“比上不足、比下有余”的“阿 Q 思想”。但经常这样做，是不利于个体的发展的。当然，偶尔这样做一次，也能缓解自己的心理压力，减轻痛苦和不安。与此相反，有些人则以榜样人物的丰功伟绩作为自己的参照系，在一定意义上可以促进个体的自我完善，但所产生的“可望而不可即”的体验容易产生消极自卑甚至自暴自弃的不良后果。所以，选择作为比较的对象时，不论对象本身比自己好还是差，都要注意所比较内容的积极影响和可比性。第二，要以客观、冷静的态度来接受他人的评价。在自我接受他人评价时是有选择的，影响个体有选择地接受他人对自己的评价的因素有两大方面：一方面是评价者的特点，即那些有专长的、为人们所尊敬的、信赖的人所做的评价比普通人更容易被人们接受；另一方面是评价内容的性质与特点，肯定的评价比否定的、稳定的、较一致的评价更容易被接受。因此，当我们面对他人的评价时，必须客观地、冷静地对待，要记住“兼听则明，偏信则暗”，不能以评价者的身份来决定是否接受他人的看法，更不能只接受表扬而拒绝批评，“酸甜苦辣皆营养”，好的意见能帮助我们更加准确、全面的认识自己，促进自我发展。

3. 通过反思、内省来认识自己

反思、内省是一种通过自己直接认识自己的形式。曾子曾言：“吾日三省吾身。”很多哲人亦然。自省过程中，自己既是观察的主体，又是被观察的对象。此时，个体不仅能意识到自己的行为，而且能用自己已经掌握的社会规范或自己的价值标准对其进行相应评判，产生相应的深刻体验，其教育意义是极其重大的，因为最成功的教育是使教育对象能自我教育。反省能够促使个体有效地调整自己。反省需要有客观的态度，保持一颗“平常心”，用冷静、沉着的态度，才能客观地进行自我观察，过分紧张、激动或强烈的爱憎情绪都会影响到自我反省的客观性、全面性。自醒的内容主要看确立的理想、自我与自身的能力、条件相符与否、镜中自我客观与否、显示自我与其距离何在等，以确立积极的自我形象。

自我认识与评价的能力，常常与个体所处的文化环境相关。一般而言，民主、开放的气氛较有利于青年学生的自我认识与评价水平的提高。

二、培养积极的自我体验

自我体验的形成与个体的自我评价密切相关，而个体的自我评价不仅与活动结果相关，更与个体的自我期待（理想自我）、自我评价的参照系有关。培养积极的自我体验应从以下几个方面入手：

1. 正确的认识社会、认识人生

自我体验有社会意义，即它与我们所认识的社会、人生的价值观相联系。青年学生要克服“看透社会、看破红尘”的消极厌世的思想与态度，正确认识社会、认识人生，以把握认识自我的尺度与工具，以创造精神发展的肥沃土壤。

2. 确立恰当的理想自我

青年学生常常过高的评价自己，容易出现“好高骛远”的现象。他们对自己的期望值很高，但各方面的能力发展又有限，这种“眼高手低”的反差，容易使青年学生在活动过程中碰钉子、遭遇挫折。有人说：“希望越大，失望越大”，人们所能承受的打击越大、越多，常常就会使自信心受到挫折，有的人还会从此一蹶不振。所以，青年学生要在实践中适时地调整自我期望，确立恰当的理想自我。同时，还要一步一个脚印地坚持去实现理想自我。

3. 调整自我评价参照系来调节自我体验

俗话说：“人比人，气死人。”但是，如果没有比较又不知道优劣高低，只有比较才会有所发现。因此，关键的问题是要选择好恰当的参照系。前面我们已经提及了比较的标准与尺度问题。只和自己差的比，会影响自己的上进心，但只和比自己好的比，则会影响自己的自信心，这方面大多指的是学习、工作上的事情。生活中，有时未必如此。比如，摔伤了胳膊是件不愉快的事情，但是，你若能想到，幸好是左胳膊，左手不能写字，对学习的影响不大；看到事情的发生距离考试的时间幸好较早，力考试还有一段时日；庆幸自己没有伤得更重，庆幸自己没有生命之忧……凡事多往好处想，进行“利导性思考”，则能够使自己更舒心、更愉快，而不至于沉溺于自怨自艾、自卑自怜的情况中。就是在学习与工作中，偶尔做一回阿 Q，也不是坏事，而是有助于身心健康。

4. 对事件做出适当的归因

归因理论认为，把成功归因于自身能力较强，把失败归因于自身努力不够，有助于培养学生的自信心与上进心。对事物做什么归因，直接影响到自我体验。比如，一个学生被老师忽视，如果该学生将此归因于显示自我，认为我很差，所以老师不理我，其内心就往往缺乏成就感、自信感，自我体验就消极。相反，如果他将此归因为老师认知有偏差，即镜中自我不全面，他会觉得是老师有眼无珠，发现不了自己是块待凿的璞玉，由此在以后的日子里尽力地完善自我，表现自我，他的内心体验则是积极的、有益的。

5. 在克服困难挫折中锻炼勇气和能力

人生不如意之事常常十有八九。面对困难，我们可以通过心理调适，将其负面的影响降低到最低水平。但是困难毕竟客观存在着，我们不能采取自欺欺人的方式来逃避它而要去面对它、解决它。平时，教师、家长对学生的照顾不必太多、太全，让学生在克服学习与生活的小困难中逐步培养起克服困难的勇气和能力，对独生子女学生尤其重要。须知，“不经风雨怎么见彩虹？”承认对孩子的照顾太多，孩子对成人的依赖就越强，孩子的力量则无法得到表现，地位难以确立，自信则失去发展的土壤与阳光。这些，对青少年的成长与发展是极为不利的。

三、提高自我监控水平

个体的自我监控水平决定了个体活动的自觉性与主动性，决定了个体的社会适应能力。自我监控在使客观需要转化为主观需要、主观需要付诸实现的过程中起决定性作用。

1. 志当存高远

确立奋斗目标，是自我发展与完善的第一步。一般来说，现实自我与理想自我总是存在着差距。在现实自我向理想自我靠拢、缩小二者差距的过程中，个体要调整自我的态度与行为的方式，认同社会要求并把它内化为自我完善的需要，使其成为促进自我完善的动力。要克服那种把社会要求降低到最低水平的希求心理平衡的思想和做法。否则，像水一样到极低的地方去寻求水平，个体将无法前进。

2. 分解目标

确立奋斗目标要从大处着眼，现实目标则要从小处着手。分解目标，是自己的行动既有前进的动力，又因为小目标不至于太难实现，使自己又保持着前进的自信心，使自我发展目标逐步实现，在新的起点上向新的高峰进发。

3. 控制低层次欲望，追求自我完善

自我完善意味着寻找一种与个人独特性格特征相一致的生活方式，意味着要有明确的理性分析与思维，充分发挥自己的创造性才能，追求既定目标。我们调整现实自我，促使其与社会要求相一致，并不是要主体一味从众和模仿他人，而是要让主体发挥自己的创造性，完善自己个性。在所追求的目标中应有超越自我之外的内容，比如对学业、事业的追求。在追求目标的过程中，控制自己的低层次欲求和动机，学会分析活动过程，根据活动结果的反馈调整活动方向，促进更高层次的自我完善和自我实现。

4. 调节自我意识发展的矛盾

在自我形象的确立过程中，理想自我和现实自我的矛盾，在自我实现过程中，不同层次的追求目标之间的冲突，都容易使青年学生陷入焦虑与不安当中。调节自我意识发展过程中的矛盾，要正确认识它们，积极开拓、进取，促进主我与客我在矛盾斗争中趋于统一。

5. 用各种有效方法激励自己

在遇到矛盾、遭遇困难与挫折时，要学会用各种有效办法来激励自己。比如，通过记日记的方式，总结不足，肯定成绩，给自己打气，给自己自信，以英雄楷模的事迹来激励自己。要学会用自尊、自爱之心来激励自己，告诫自己：不论生活有多少坎坷，不论过去成功与否，都要勇敢地面对着自己，面对现实。除了进行适当的反思之外，还要学会不放弃、不自弃，相信只有自尊自爱的人，才能有坚持到底的信念，才会最终赢得社会的尊重与爱护并实现自己的目标。

第四节　学会与时俱进

不同的时代，自我意识的发展目标不同，自我完善的态度方法也会不同。在当今这个充满机遇与挑战的时代，社会的压力日趋加大，没有一个较完善的自我意识体系，是很难自立于社会并有所成就的。时代要求青年学生以饱满的热情、充沛的信心、坚强的意志去迎接挑战，实现自我。新时期，青年学生的自我意识观念既要保持传统的美德，也要具有新时代的特征。比如，从谦虚到自信、自尊，从谨慎、礼让到敢为人先等观念的转变，都具有时代的烙印。

一、树立健全的自我形象

自我形象，西方称之为“自我概念”，它是个人在心目中对自己的印象，包括对自己的能力、性格、态度、思想的认识，对自己的存在价值的判断。我们每个人对自己都有一定的看法，但总难以做到客观。此时，你要充分地相信自己。因为自负的人尚有搏一搏的机会，失败后也许还会再来，而自卑的人，连试一试身手的机会都不敢争取，将永远没有成功的可能，人生当然用也会黯然失色。

健全的自我形象是追求自我实现过程的“领头人”，是获得自我实现的关键。很多人在生活中失败了，是因为压根儿就没有想到自己会成功、能成功，而是感到自己应该是失败的。显然，这一类人是缺乏健全的自我形象。如何才能帮助青年学生树立健全的自我形象呢？

1. 要把自己视为成功者

在生活过程中，我们经历过成功，也经历过失败。常常记着自己过去的成功，容易唤起今天努力的信心；常常记得自己过去的失败，则会毁掉自己前进的“引擎”，因为我们的行动总是随着我们对自己的看法的转移而转移的。如果过去的成功能使自己成为成功者的话，我们会为自己感到自豪，而且还会找到维护这一形象的方法；如果视自己为失败者，而且是必然的失败者，则会为自己的失败找寻更多的理由，证明自己的无能。那么，以后可能还会遇到更多的挫折，并且会一事无成。俗话说："失败是成功之母。"我们要说："成功为成功之母。"成功让我们自己发现了自我的力量与尊严，成功给予我们进取的信心。

2. 把失败视为人生的组成

树立健全的自我形象并不是提倡自我陶醉。每个人的经历中都有失败，都有风风雨雨，但失败只是人生的一个组成部分，我们经历了失败，但不是失败者。

3. 了解自己的潜力

现有的成就已经表现出的能力，你应该了解自己的潜力，即你自己尚未表现出或发挥出的那部分内容。这不仅仅指智力，还包括你的性格、你的人际关系、你的自我反思的水平等等，这其中蕴藏着你的财富，可以助你成功。

二、自我接受，自我解放

没有一颗"平常心"来客观地面对自己、面对自己的成功与失败，没有内心的宁静与恬淡，自我实现是不可能达到的。生活在社会群体中，我们常常把自己与周围的人进行比较，而且常常是以自己之短比别人之长；我们总是很在乎别人对自己的评价，甚至只用别人的评价来衡量自己而牺牲了自我评价权力。这样，我们就会处于一种无端的、无法排遣的恐惧、郁闷与焦虑当中。这对自我个体的发展是极为不利的。我们应该学会放松自己。

1. 你就是你

即个人就是你自己，而不是别人。不要无原则地效仿别人、跟随别人。我们首先要用自己的标准来衡量自己，保存自己自我评价的权力。否则，就会"人比人，气死人"。

2. 接受缺憾

不要过分地期待完美。如果你过多地期待完美，你就会发现你周围的环境、你身别的人、你自己，都会有太多太多让人无法逃避的缺憾。要记住，接受缺憾就是接受完整的你和你完整的生活。弥补缺憾，人才有追求的目标，才会找到自己生存的价值所在。

3. 宽容自己

宽容自己的过去、现在和将来的过失与错误，才能放松自己。否则，你会身陷情绪的牢笼而无法自拔。宽容自己，才能真正维护自己的尊严。

三、自我激励、自我超越

在我们追求自我实现的过程中，会遇到来自外界与自身的诸多困难与阻力。这个过程，需要我们自我激励，要有自我超越的强烈欲望。

1. 制定目标，不断进取

要在考虑自己的年龄、阅历、经济力量等诸多因素的基础上，制定进取的目标。人生的价值在于进取中，不要老是在原地徘徊、自我满足、自我封闭，而应该追求有价值的目标。不过，不要强求自己做不可能做到的事情。

2. 发挥优势，迎接挑战

我们制定了目标，选定了自己的行动方案并付诸实施的时候，就要面对挑战。首先，挑战来自对自身的怯懦、恐惧、焦虑。有时，我们在行动之前就准备好失败的托词，给自己留了后路，这样做，可能会削弱你的意志和斗志。不要让紧张、焦虑毁掉自己，应该多回忆过去的成功，增强内在的动力，让紧张和焦虑化为自我激励的动力。其次，挑战来自客观的困难。

我们每天都会有新问题、新冲突、新挫折，人生都一样。如果我们对此有充分的心理准备，就能更容易接受它们，也能更轻易地对付它们。当然，这个过程中，你要充分地发挥自己的想象力与创造力。

记住，每天都有新挑战，每天都有机遇；相信自己，激励自己，你会超越你自己！

第三章

心理卫生与健康

人不但要有健康的身体，还要有健康的精神。保持身体健康要注意生理卫生，保持精神健康则要注意心理卫生。

心理健康是指一个人在正常的智力前提下所表现出来的积极情绪、适度的情感、和谐的人际关系、良好的人格品质、坚强的意志和成熟的心理行为等。它与一个人的成才有着直接的关系。生理健康是成才的重要保证，而心理健康又可强化生理健康。人的心理活动和生理活动密切相关、相互依存，不存在无生理活动的心理活动，也不存在无心理活动的生理活动。有关研究表明，人体内有一种最能促进身体健康的力量，即良好情绪的力量。一个人如果善于调节情绪、经常保持心情愉快，就可以达到未雨绸缪、有病早除的效果。长寿学者胡里夫指出："在一切对人不利的影响中，最能使人短命和死亡的是不良的情绪和恶劣的心境。"强烈、持久的不良情绪，如烦躁、忧愁、焦虑、多疑、愤懑、冷漠、恐惧、灰心等，会诱发疾病或加重疾病的程度。纵观古今，每一个对历史、对社会有着巨大贡献的人，无不是有着强健的体魄和健康的心理。

第一节　心理卫生概述

一、什么是心理卫生

心理卫生有时又被称为精神卫生，是探讨人类如何维护和保持心理健康的原则和措施的一门学问。它通常是指人类为达到和维持心理健康状态而采取的各种原则，方法与手段，以及实施过程。心理健康的标准是："有充分的安全感，充分了解自己，并能对自己的能力做恰当的估计，生活目标、理想切合实际，能保持个性的完整和谐，具有从经验中学习的能力，能保持良好的人际关系，适度地发泄与控制自己的情绪，在不违背社会道德规范的情况下能适当满足个人基本需要。"《简明大不列颠百科全书》中认为，心理健康是指"一切旨在改进和保持心理健康的措施。诸如精神疾病的康复及预防；减轻充满冲突的世界带来的精神压力，以及使用处于能按照其身心潜能进行活动的健康水平"。

我国数千年的文明史十分注重心理健康。所谓修身必先养性，便是古人讲究心理卫生与健康的证明。早在战国时代成书的《内经》，就对心理因素对人体疾病的发生（如"喜怒不节，则伤脏，脏伤则病气"）、诊断（如"失神者死"、"得神者生"）、治疗（如"一日治神，二日养身"）和预防（如"精神内守、病安从来"）中的作用做了系统的总结，充满了生理与心理互相制约（如"形神相即"、"因郁而致病"、"因病而致郁"）的朴素辩证法思想。

近代的心理卫生运动是20世纪初在美国人比尔斯倡导下而形成的。比尔斯毕业于耶鲁大学，他有个哥哥患癫痫症，他害怕此病有遗传性而天天忧虑，终致心理失常而自杀，后经他人将其送至精神病医院治疗，住院三年痊愈。他因亲身体验了精神病人处境的悲惨，同时感叹社会对于精神病痊愈后人员的轻视与偏见，发誓要决心致力于精神病院的改善与心理疾病的救治与预防。他将自己在精神病院的生活写成一本书，书名就叫作《自觉的心》。该书于1908年出版后，社会上不少人把它视为“疯话”，幸而当时著名的心理学家詹姆士和精神病学家梅伊尔看了这本书，并给以热烈的同情和支持，才纠正了世人的态度。在詹姆士、梅伊尔的赞助下，比尔斯邀集同仁于当年在故乡康乃狄格成立了世界上第一个心理卫生组织——康州心理卫生协会。翌年，美国成立全国心理卫生委员会，其后世界各国相继推行此项学说与运动。1930年在美国召开了第一个国际心理卫生大会，并正式成立国际卫生委员会。1984年改组为世界健康联合会，1959年~1960年，该会与联合国卫生组织及联合国教科文组织共同举办国际心理健康年，呼吁人类重视心理卫生。

二、心理卫生的重要性

人作为一个整体，其身体与精神是相互依附、彼此制约的。可是，一般人提高健康时，多只注意生理方面的健康，而忽略了精神方面的健康。实则身心两方面的健康同等重要并且互有影响，只是生理方面健康的重要性与影响力比较明显罢了。

联合国卫生组织对健康的定义是：“健康，不但是没有身体缺陷和疾病，还要有完整的生理、心理状态和社会适应能力。”

随着医疗卫生事业的发展，身体疾病对人类健康的威胁已经变得相对较小了，而心理适应不良甚至失常者却逐渐增多。生活本身是复杂的，充满了各种各样的矛盾，升学就业、婚姻家庭、社会地位、经济安全以及各种各样的不测事件都会使人遭受挫折而引起心理变态。

据报道，美国有1/10的人口患有严重的心理疾病，全国所有医院的病床总数，有一半以上被精神病患者所占用。这表明，单是精神病患者就超过了其他有不同种类疾病的总和。这只是指严重到非住院不可的病人而言，而其他患轻微心理疾病的人的人数之多可想而知。有人曾经研究过1524个美国小学一、二、四年级的学生，发现其中有12%是严重的不良适应者，有30%是需要心理卫生专家的治疗。

人的心理疾病，只有极少部分是与生俱来的，大多数是在成长过程中受到各种因素的影响渐渐积累而成的。这就是说，儿童时期虽不是精神病充分发作的时期，却可酿成日后难以挽救的心理疾病。一种行为的发展，开始时总是极细微，要改变它比较容易，到了酝酿成型就很难改变。故对学校中适应不良的儿童必须及早予以矫正。我们教育目的是培育全面发展的一代新人，而心理健康实为不可或缺的条件，因此，推行心理卫生在今天的学校教育中显得尤为迫切。

不但各种心理疾病患者与问题儿童急待援助，就是正常人也急需了解心理卫生知识，实行健全的生活方式，以促进个性完善和心理健康。不仅如此，近代医学还证明，人的许多躯体疾病（如癌症、高血压、偏头疼、哮喘、溃疡等）是由心理因素引起的，叫作心因性疾病，注意心理卫生有助于对这类疾病的预防与治疗。可见，心理卫生是一项与每个人和社会都有密切关系的问题。

第二节　心理健康的标准

心理卫生的主要目标是保持和促进心理健康。人的心理怎样才能算是健康的，以什么作为健康的标志，这是一个非常复杂的问题。因为心理健康和不健康之间并没有一个绝对的界限，它不像躯体的生理活动如体温、脉搏、血压、肝功能等那样明显，通过各种检查，把结果综合一下就可以知道。虽然我们通常能大体不错地指出某种行为心理健康，某种行为心理异常，但要确切无误地给出一个心理健康的标准，并且得到众多心理学家的一致认可，却是一件相当困难的事情。因为判断心理健康的标准总是与新心理学家的人生观、价值取向以及研究问题的立场方法有关，容易因为后者的分歧而出现标准的分歧。

一、判断心理健康状况的依据

临床心理学家根据以下几种依据，来判断一个人的心理健康的状况。

1. 统计常模

人的许多心理品质，如智力、性格特征，都可看作是有量的差异的维度。心理健康状况也是如此。如果用一把衡量这种尺度的尺子去测量全国人口中每个人的心理健康状况，必然会发现，大多数人的测量值集中于全尺的中段，越往两端，人数越少。全部测量的分步接近于统计学上所谓的“常态分布”。

根据常态分布的思想，可以认为，大多数人所具有的心理健康状况是正常状况，偏离大多数人状况的是异常。这种异常实际上有两种情形，一种是心理健康程度高于一般人的，另一种则相反。我们只能说后一种情形的人有心理健康的问题。

2. 社会准则

以社会准则作为心理健康状况的标准，是看一个人的行为是否偏离社会公认、公行的行为规范。一个人心理异常，势必在行为上偏离大多数人的行为常规，例如逃学、打架、自杀等等。但这条标准有时候是难以贯彻到底的，因为社会规范并非总是非常明确、一致的，因而在考虑具体问题是经常蜕变为以大多数人的行为作为参照标准，然而大多数人的行为并非代表着健康的行为。例如，我们经常见到“路人有难，众皆不救”的情景，恐怕不能说哪一两位舍身救人者反而不如众多看客心理健康。以社会准则为依据未能解决这样一个问题：有心理障碍者必然会偏离社会规范，偏离社会规范者却未必都有心理问题。

3. 生活适应

从生活适应的角度看心理健康，是看个体是否能根据环境条件及其变化，有效地发挥其心理机能，用适当的行为去适应或改造环境，以满足自己生存发展的需要。例如，能够胜任学习、工作的重担，自励解决各种人际问题。这一标准最符合适应性的本义，缺点是在具体运用时易受评价者的主观影响，操作的客观性稍差。

4. 主观感受

依据被评价者的主观感受来判断他的心理健康状况，通常只能作为一种辅助的标准使用，不能作为一个完整自足的单独标准来使用。这种主观感受通常包括被评价者的满意感、幸福感、自觉痛苦、快乐程度等等。此标准不能单独使用的原因在于，真正能感受心理痛苦的人，大都是自我定向能力好、感情活动基本正常的人，即使这些人有心理障碍，也多属于轻微障碍。例如，神经病症患者的痛苦体验可能是所有精神障碍病人最强烈的，而严重精神病患者反而没有自觉痛苦，甚至充满了欣慰和快感。

二、心理健康的标准

几乎每一位人格理论家和临床心理学家都提出了自己的心

理健康标准，综合国内外专家学者的观点，根据青年学生这一特殊群体的年龄特征、心理特征和社会角色特征，我们认为以下八个方面可作为青年学生心理健康的衡量标准。

1. 正常的智力

正常的智力是青年学生学习、工作和生活最基本的心理条件。一般来说，智力超常或中等均属于智力正常，智力落后，即智商低于70属于智力不正常。在日常生活中，判断一个人的智力发展是否正常的简单方法有两个：一是是否与统领的大多数认知力发展水平相当；二是看能否适应周围的生活和学习。青年学生智力正常发展的标准是乐于学习、工作，有强烈的求知欲和浓厚的探索欲，能充分发挥自己的智力和潜能，努力获得有量的成绩。否则，纵然智商在正常以上，也不能视为心理健康。而注意力不集中、记忆力下降、思维紊乱则是心理不健康的表现。

2. 健康的情绪

良好、稳定的情绪是心理健康的首要条件。青年学生情绪健康的主要标志是情绪稳定，反应恰如其分、强度适中，积极的情绪多于消极的情绪，对学习、生活充满信心。相反，总是愁眉苦脸、心情郁闷、喜怒无常则是情绪不健康的表现。而盲目的自惭自愧、怨天尤人，也是情绪不良的表现。

3. 积极的意志品质

主要表现在行动具有较高的自觉性、果断性、坚韧性和自制力。心理健康的青年学生学习生活中有自觉的目的性。能有效地调节和控制自己的行为，能运用正确的方法解决学习、工作中的问题。在困难和挫折面前采取较合理的反应方式，主动克服困难。相反，怕苦怕难，行动优柔寡断、轻率鲁莽、顽固执拗、遇到困难半途而废，冲动、偏执等则是消极意志品质的表现。

4. 适度的反应

人的行为反应是存在差异的，有的反应敏捷，有的反应迟钝。但是，这种差异有一定的限度，超过一定的限度就不正常了。反应敏捷本身并非反应过敏，反应迟缓也非无反应。对事物的反应强度应视事物作用的大小而定。一般来说，反应异常敏感、异常迟钝均属不健康的表现。对事物一概不反应，这是患了严重的心理疾病。对重大刺激无动于衷，反应微弱也是不正常的现象。而对任何事物都反应强烈，一点小事就大惊小怪，心惊肉跳，稍有意外就惶惶不可终日，偶遇挫折就无法忍受等，都是心理反应不良的表现。

5. 统一的人格

心理健康的青年学生，其人格的各个结构要素都无明显的缺陷与偏差，具有正确的自我意识，既有自知之明，又能根据自己的情况调整和完善自我；既不自视甚高，也不自轻自贱、自惭形秽，而是言行一致，所想的、说的、做的是统一的。

6. 和谐的人际关系

具备心理健康的青年学生，善于理解、尊重、信任和帮助他人，以真诚、谦让的态度发展和保持着人际关系，乐于与人交往。相反，远离亲友、集体，独来独往意味着开始出现人际关系的失调。与集体总是格格不入、没有伙伴，不与人交往，以强凌弱则是人际关系不良的表现。

7. 个人与社会的协调一致

心理健康的青年学生，能够和社会保持良好的接触，能正确地认识和了解社会，使自己的信念、目标、行为与时代合拍，与社会要求吻合，一旦发现自己的需要、愿望与社会要求、他人利益相冲突，即能放弃修正自己的行动计划，以保持与社会的协调一致。如果为了实现个人的欲望而不顾社会道德规范与法律的约束，妄取强求则是不健康的心理状态。

8. 心理与行为符合年龄特征

不同的年龄阶段有不同的心理与行为特点。心理健康的青年学生，应具备与自己的年龄特征相符合的心理与行为。如果心理与行为经常偏离自己所属的年龄特征，如老气横秋、老态龙钟或天真撒娇、易哭易笑，则是心理不健康的表现。

上述八点是衡量青年学生心理是否健康的尺度。青年学生应掌握这些标准，对照自己，一旦发现其心理状态的某一方面或某几方面与心理健康的标准出现差距，就应有针对性地加强心理锻炼。如若发现严重偏离标准，则需及时诊治。

第三节　影响心理健康的因素

人的心理健康是一个极为复杂的动态过程，因此，影响心理健康、造成心理障碍的因素也是复杂的、多样的。从生物遗传因子的作用到个体自我的心理冲突、不良人格特征，早期教育与家庭环境问题以及应激性生活事件的影响等，都对个人的心理健康产生或多或少的影响。当然，概括起来还是生物、心理、社会这三方面因素综合起作用的结果。

实际上，人的精神（心理）也和人的躯体一样，可以正常活动，也可以发生故障，即出现障碍或疾病。然而，人们对于躯体生理活动障碍或疾病容易理解，也能接受。而对于精神（心理）活动的障碍或疾病就不容易理解，难以接受，甚至产生极大的误解。所以，人为什么会发生心理障碍、精神失常？是什么原因造成的？这些问题常常引起人们的争论。这个争论，自古有之。例如在古代，由于缺乏对心理现象的科学认识，认为精神失常是“鬼神附体”、“罪孽上身”造成的。为了驱逐精神病患者身上的魔鬼，竟施之以饥饿、拷打、火烧、水溺等方法，使无数精神病人悲惨死去。当今世界已经进入科学文明时代，精神病人早已经被看作是需要医疗照顾的病人，但无知妄说依然严重地影响着人们的看法。例如一些无知群众往往把家里出现了心理障碍或精神病的患者看作是“家庭风水不佳”或“祖宗三代缺德”等。因此，精神病人在社会上受到人们的冷遇与歧视，甚至不把他们当人看待。这种不公平的待遇，使许多精神病患者仍处于极为不幸的境遇之中。

如果人们对心理障碍、精神疾病也与对躯体疾病一样看待，对其发生的原因和规律都有充分的科学知识，不仅对人们维护心理健康、预防精神疾患的发生有重要意义，而且也会大大有利于为广大精神病疾患者争取更多的、公平的和人道的社会待遇与权利。那么，影响青年学生心理健康的因素有哪些呢？

一、生理因素

1. 遗传因素

遗传学研究发现，不仅人的生理解剖机能（如相貌、体型等）与遗传有关，而且人的心理机能（如气质、智力等）也与遗传有关。如果父母或祖辈的遗传基因有缺陷，尤其其家族史上由精神病患者，可能影响后代子孙的身心健康。美国精神病学家考尔曼对精神分裂症的研究表明：父母均为患者，子女发病率为68.1%；一方是患者，子女发病率为16.4%；兄弟姐妹有此症，其亲属发病率为14.2%；家族无此症，子女及亲属发病率为0.85%。可见，血缘关系越近，精神病的发病率越高。

2. 大脑的器质性病变

根据临床观察和专家的研究发现，脑器质性病变，如脑肿瘤、脑萎缩、脑炎、脑血管疾病、脑外伤等，会直接导致各种心理异常表现，出现意识障碍、智力障碍、严重遗忘症、人格异常等。

3. 躯体疾病

各种躯体疾病尤其是慢性疾病，常常可使人变得烦躁不安、敏感多疑、情绪稳定性降低、行为控制力减弱、兴趣缺乏、人际关系紧张，严重的还可能会导致心理障碍。

4. 神经系统的先天素质不全

专家认为，神经系统的先天素质特定的不健全，如大脑皮层的皮层下神经组织间的相互协调有某种障碍、大脑皮层的兴奋和抑制过程的协调作用有某种障碍等，会导致病态人格等心理异常，神经系统不健全的人容易受到不良因素的影响而引起不健康的心理行为。

5. 个体的生理变化

各种生理变化，如人体素质、内分泌腺的活动、躯体改变等都影响着青年的心理。青春期青年学生开始注意自己的容貌、体格、姿态、语言，对其缺陷和弱点十分敏感。如果身体残疾、个子太矮、身体太胖或太瘦，容貌上五官不正、患有白癜风、长有青春痘、言语上有口吃等均可以引起心理上的不平衡，滋生自卑羞怯、敏感妒忌、孤僻乖戾、恐惧焦虑等一系列的心理问题或心理障碍。青年学生第二特征的迅速发展和日益成熟，对性的关注和欲求而出现羞涩不安感，这种欲求和不安的矛盾不断激化会成为诱发青年学生心理问题的因素。

二、环境因素

青年学生的生活环境包括学校、家庭和社会三大方面，它们是影响青年学生能够心理健康的主要因素。

1. 早期教育与家庭

对个体早期教育的研究表明，那些在单调、贫乏环境中成长的儿童，其心理发展将受到阻碍，并且会抑制他们潜能的发展。对婴儿和动物的研究表明，那些接受丰富的刺激、受到良好照顾的个体在许许多多的测试中将逐渐成为佼佼者。相反，一个人如果在刺激频发的环境中成长，则往往会对其发展产生消极影响，很多人在成人期表现为能力不足的个体往往是来自这样的早期环境。

另外，儿童早期与父母的关系以及父母对儿童的态度也是影响个体心理健康的重要因素。这种早期母婴关系乃至稍后的儿童与父母的关系对个体以后的人际关系和社会适应有着很大的影响。儿童如果在早期与父母建立和保持良好的关系，对其以后的社会适应和人际关系将有着积极的促进作用。相反，如果儿童在早期不能建立这种与父母的亲密关系，或者早期与父母的分离等都会对他们以后的成长产生消极的影响。

父母对儿童的态度和教养方式也会对个体以后的心理健康产生影响。国外很多学者对恐惧症、强迫症、焦虑症和抑郁症四种神经症个体早期家庭关系的调查研究表明，这四种病人的父母与正常个体的父母相比，表现出较少的情感温暖，较多的拒绝态度，或者较多的过度保护。这些研究表明，在个体的早期发展中，父母的爱、支持和鼓励容易使个体建立起对初始接触者的信任和安全感。而这种信任感和安全感的建立保证了子女成年后与他人的顺利交往。而儿童早期的这种安全信任感和安全感的缺乏随着儿童的发展逐渐产生一种孤独、无助的性格，难于与他人相处，因而容易产生心理异常，特别是人际关系方面的障碍。

同时，对子女的过分保护和过分严厉，也同样会影响他们的独立性和自信心的发展。这样的个体在以后的发展中也会增加他们的压力，出现过分的依赖或过分的自我谴责。这些特点都会对心理健康产生不良的影响。青春期前持续的爱的缺乏和丧失与成年期的抑郁有着密切关系。除父母对子女的教育和态度外，家庭类型和家庭关系对青年学生的心理健康也有较大影响。父母不和、离异，继父母虐待，家庭缺少和谐友爱，都可造成青年学生冷漠、怀疑、妒忌、仇视、孤独、乖僻等不良心理。

2. 学校文化环境中的消极因素

学校环境是青年学生生活的重要场所，学校文化对青年学生心理健康的影响是直接而深刻的。对青年学生心理健康不理的因素主要表现在以下几个方面：

（1）人际关系的复杂化。处于青年期的学生本来就有一种闭锁性的心理特征，但同时也渴望与人的交往和沟通。然而，不少人缺乏与人沟通的勇气和方法，对人严、对己宽，加之社会上某些不良思想的影响，这些都会影响他们与同学的相处。青年学生中的孤独感、寂寞感既有某些年龄特点的因素，更有人际交往的不良因素，它对青年学生心理的影响是极其深刻的。正如我国已故的心理学家丁瓒教授所指出的：“人类的心理适应最主要的就是对人际关系的适应。所以人类的心理疾病主要是由于人际关系的失调而来。”

（2）学习生活的紧张化。这种紧张与压力一方面来自繁重的学习任务、较多的学习时数以及考试等，另一方面来自同学的竞争以及社会的责任感。适度的紧张与压力对于一个人的成才是必要的，但如果这种感觉超过一定的限度，成为一种心理负担，效果就会适得其反。

（3）业余生活的单调化。缺乏足够的娱乐场所、活动器具以及娱乐形式和活动的技艺等，常常使青年学生感到学校生活的“三点一线”的单调沉闷。由于青年学生正处于长知识、长身体、长才干的大好时期，喜动好玩、情感丰富，应该是青年学生的主要特征表现，加之改革开放所带来的对高级情感的需求，对业余生活多样化的渴望，更使这一矛盾变得突出起来。单调的生活会使人压抑、烦躁、兴趣降低，使青年学生感到生活缺乏乐趣。

（4）教育思想贯彻的片面化。较长时间以来，学校教育重智力轻德育、体育、劳动，偏重于智力因素而忽视非智力因素。这些都影响了人的全面发展。大中专院校（包括中小学教育也是如此）一直没有把培养学生的心理素质作为一项不可缺少的内容来给予足够的重视。因此，无论在学校里还是走向社会后，青年学生的困难最集中地反映在心理不能适应。大中专学生心理脆弱程度的增加不能不说是与教育思想贯彻的片面化有关的，是教育的失误。合格的大中专学生必须在心理上是合格的。

3. 社会紧张性刺激增多增强

人不仅是自然人，同时也是社会人。人必须在某种特定的社会环境中，在某种特定的人际关系和特定的集体中生活。社会对于生活在其中的个体有着巨大的影响作用，人们必须根据从社会上获得的信息不断地调整自己的心理和生理功能，调节自己的行为，使之适应社会的要求。然而这种适应性反应有时会出现某种程度的失调，从而在人们的心理上造成不良影响，引起心理上的矛盾和冲突，带来情绪体验上的巨大变化，并影响中枢神经的功能，严重持久的心理平衡失调会导致心理失常，还会影响生理状况。

在我国，随着对外开放和科学技术的进步，整个社会信息量在急剧膨胀，社会生活的节奏加快，新技术革命的挑战已经影响到人们的思想、观念、心理、行为。随着改革开放的全面深入，带来了一系列变化，人们面临传统观念的变革、价值体系坐标的选择，新的生活方式的适应等一系列问题。此外，诸如政治风云的变幻，经济的波动、思想理论界的反思乃至人们日常生活的诸多变化都要求人们及时地进行自我调整以便重新适应新的社会生活环境。

社会在加速地发展，生活在日新月异地变化，这对于人们来说是一种心理的考验。人类已经进入了情绪重负的时代。比起生理的疲劳，现代人需要承受更多的心理疲劳。青年学生是社会上最活跃、最敏感的人，他们常常最先敏感地感觉到变化和冲击，又由于他们正处在人格和观念的形成期，生理和心理在迅速地变化，处于成熟与不成熟之间，因而那种变化和冲击在他们心灵中引起的波涛也最为明显、强烈和动荡。他们欢迎这种变化，但另一方面又对某些变化感到迷茫不解，难以适从。生活在一个动荡、不能预期其变化的变革环境中，会增加许多心理适应的负担。

美国精神学分析家哈内认为："许多心理变态是由于对环境的不良适应而引起的。"根据系统论的观点，系统内任何一方发生变化，系统内其他方面就要相应地进行变革调整，不然就会引起系统内部的混乱和失调。社会系统如此，人这一系统也是如此。当个体原有的心理定式不能随着外界的改变而做出相应的改变，当人们的思想状况、态度情感、意志活动等个体内在诸因素不协调，那么，个体就会感受较大的心理压力。或者社会中的某些部门、领域中的某些人没有做出一致的调整，那么，个体就会与他人发生矛盾冲突。另一方面，社会还未形成可以宣泄、解脱这种不安和焦虑的方式，因而容易使人产生一种混乱、空虚、压抑、紧张或无所适从的感觉。

现代社会中，青年学生面临的挑战很多，心理上存在着多方面的压力源：一是来自社会责任的压力；二是来自于生活本身的压力；三是来自竞争的压力；四是来自整个社会不断加快的节奏所带来的压力，它促使青年学生要加快步伐。越是敏感、越是进取心强的青年学生，这种压力感就越明显。如果各种压力感过于沉重，就会出现心理障碍。此外，社会上的不正之风也对青年学生的心理有消极的影响。随着社会发展，个体所需要承受的心理负担也会相应增加，人们能感觉到的矛盾和冲突也会增多，某些心理因素在疾病中的作用将会大大超过生理性因素。因而，迫切需要社会调节机制和心理调节机制逐步完善起来，现代化的进程需要有现代化的心理素质来保证。

三、心理因素

1. 心理素质脆弱

一方面，由整个社会的紧张刺激增多而带来的应激和压力在广度和深度上都在增加。另一方面，不少青少年学生的心理素质的培养和熏陶却远远跟不上。在特定的环境中成长起来的青年学生，相当一部分人的心理素质十分脆弱，以往生活中的顺利与受宠形成了他们的心理定式，他们能成功但不能失败，尤其是当挫折的相对强度较大和时间较长时，就会转向失望、自卑，变得心灰意冷、萎靡不振。缺乏自制力和挫折承受力是引起心理障碍的关键之一。

2. 个性缺陷

面对同样的环境因素，同样的挫折，不同的个体有不同的反应模式，这与人们个性有直接关系。性格内向孤僻、沉郁、压抑，过于自卑或过分自尊，急躁、冲动、固执，多疑、好钻牛角尖、易偏激，有太强的个人欲望和过高的个人期望值，不善人际交往，唯我独尊，爱慕虚荣以及娇生惯养、感情脆弱等个性特征，都不利于心理健康，并且其中某些反应本身就是心理障碍的表现。

3. 人生观的动荡模糊

青年学生一方面正处于人生观逐步确立阶段，另一方面又面临多元价值体系的选择，加之某些社会思潮的影响，会使得他们人生观的确立变得困难而复杂，从而显得动荡不定。而人生观的动荡模糊往往会影响他们对事物的评价，使得他们在遇到困难、挫折时会产生感情波动，不能正确对待。尤其是那些错误人生观往往会限制他们的视野，容易被心灵的创伤所淹没。

4. 心理发展中的内在矛盾

青年期的学生正处在由不成熟向成熟转变的过程中，不成熟与成熟时常交叠在一起，这典型地反映在他们的内心矛盾中。比如自立与依赖的矛盾，需要与满足的矛盾，施善的愿望与从恶纵容的矛盾等，这种矛盾使得还未完全成熟的青年学生处在感情的波涛中。长期处在内心的矛盾中或内心矛盾冲突的强度过大，都会破坏心理平衡而引起心理、生理疾病。

5. 情绪发展中的不稳定性

青年学生处于情绪最丰富、最强烈、最复杂、最动荡的时期。他们的情绪易冲动且缺乏冷静的思考，因而常因做错事而懊悔，情绪常动荡不定、跌宕起伏。由于具有情绪性的特征，因而青年学生有时会失去客观性。这往往表现在对挫折的以点带面的判断上。

青年期是一生中苦闷、烦恼最多，体验最深刻的时期，他们内心敏感又脆弱，很容易受到伤害。当不良的社会环境因素与不良的生理、心理因素交互作用时，就会导致心理平衡的失调，损害人的健康。因此，青年期是发生心理障碍乃至精神疾病和自杀的高峰期。

第四节　心理障碍的防治

一、正确认识心理障碍或心理疾病

由于青年学生对心理障碍或心理疾病缺乏科学的认识，导致他们一提及心理障碍或心理疾患就联想到蓬头垢面、四处游荡的“疯病”。青年学生不是对此惊恐万分，就是讳莫如深，视为洪水猛兽，觉得“可耻”而处处回避，甚至讳疾忌医。这种错误认识使青年学生既不能正确对待他人的心理疾病，又不能正确认识和处理自己的心理障碍，结果对人、对己都可能产生严重的不良后果。因此，青年学生首先应该对自己的心理障碍或心理疾病从思想上端正态度、提高认识。

1. 心理障碍或心理疾病是可以预防和治疗的

某些心理疾病固然有其遗传因素的影响，但更主要的是后天的学习、生活适应不良而造成的，它是诱发心理疾病的真正原因。即使是某些先天性的因素引起的心理疾病，也常常是由后天的客观原因引发的。实际上，某些心理障碍有很大的“不医而愈”的可能性，即使是一些严重的精神疾病患者，只要坚持长期的心理治疗与药物治疗，都是能够痊愈的。因此，当个人遭此不幸时，首先要坚定“遵从医嘱指导，将来总会治愈”的信念；其次，要积极主动地配合医生进行治疗，这样会大大提高治疗的功效。

2. 心理疾患并非可耻之病

生活中的许多人都以为患有心理疾病是一件见不得人的事，是可耻的事。青年学生也深受这种思想的影响，有些人甚至对患有精神疾病的人嗤之以鼻，拿别人的痛苦取乐，这是极为不人道的行为。其实，一个人在心理上出现障碍或问题并非会使其失去所有的生活能力和工作、学习能力。有一些心理问题或心理障碍的人群同样为人类做出了巨大的贡献，这同样也是巨大的成就。历史上这方面的实例并不少。例如美国第 7 任总统杰克逊就患有精神沮丧症，第 16 任总统林肯，则患有忧郁症；一些世界著名的作曲家如韩德尔，作家巴尔扎克、海明威，诗人拜伦、雪莱等都曾有过抑郁症。因此，患有精神疾患或精神障碍者，既不必为此而羞愧，也不必为此而防范他人。

对正常人而言，也应认识到，患有心理障碍者或精神疾患者不仅是个人的不幸，也是社会的不幸，讥讽患有心理障碍者或心理疾病患者，只会使患者陷入更加危险的境地，加重异常表现。相反，对精神病患者多给予同情、爱护、帮助和关爱，使他们获得安全感和信任感，则有助于改进其异常表现。心理学家曾从大量的被认为是心理正常的青年中挑选出一批人，进行了某种测试，结果发现，半数的人都具有轻度的焦虑和抑郁症等精神症状，某些人的症状还比较严重。

二、青年学生健康心理的培养

心理障碍或心理疾患是可以预防的。心理卫生教育的职能之一就是预防心理障碍的产生，而预防心理障碍产生的最好办法就是保持和培养健康的心理，提高适应能力。青年学生健康心理培养内容如下：

1. 树立正确的人生观和世界观

人生观和世界观的确定是防止心理异常的根本条件，是青年学生心理健康的重要保证。只有认清人生的意义，树立远大的理想，才不会沉溺于身边的琐事和儿女情长，从而减少许多无谓的烦恼；只有以辩证唯物主义世界观正确对待生活中的各种挫折，才能豁达大度，忍常人之所不忍，处常人之所不处，经受住各种挫折。如果一个人的需要、观念、理想、行为违背了社会准则，自然会到处碰壁、遭受挫折，陷于无穷无尽的烦恼和痛苦之中，导致心理的不健康。可见，正确的世界观和人生观，是保证个人心理健康的思想基础和心理基础。

2. 了解自我，接受自我

俗话说，知人容易知己难。不能正确认识自我往往是形成心理障碍的重要原因之一。要保持心理健康，青年学生不仅要了解自己的长处、兴趣、能力、性格，更要了解自己的不足和缺陷，并证实它们。如果对自己不了解，不接受，那么，不是感到怀才不遇、生不逢时，就是愤世嫉俗、狂妄自大，或是过分自卑、焦虑，导致心里的不平衡。因此，青年学生应有自知之明，在充分了解自我的基础上，坦然地接受自我，既不过高地估计自我，也不自欺欺人，这样才会心安理得、减少心理的冲突、保持心理健康。

3. 认识现实，正视逆境

人在现实中生活，而客观现实又不以人的主观意愿为转移，只能要求个人去充分认识和了解现实，适应和改造现实。这就要求青年学生要面对现实，把个人的思想、愿望、要求和现实、社会统一起来。当然，青年学生有权进行“自我设计”，但是这种设计绝不能偏离现实的轨道，否则“自我设计”只能是空想。此外，青年学生有时身处逆境也是在所难免的，如学习的困难、成绩的退步、考试的失利以及专业的限制、就业的艰辛、同学间的摩擦、初恋的烦恼等等。对此，青年学生应该鼓起勇气，培养自己遇事不乱、应付自如的心理品质。而要形成这种良好的品质，必须热爱生活，热爱学习和工作，学会全面、客观地看问题，不斤斤计较，不以人之短度己之长，不好高骛远，要有随时都会遭遇困难、挫折的思想准备，要有善于调整自我与社会关系的能力。

4. 建立良好的人际关系

良好的人际关系既是心理健康的条件，又是心理健康的表现。良好的人际关系的建立，不是靠逢迎谄媚，而是靠诚实友善、严于律己、乐于助人等高尚品德。要自信信人，自尊尊人，自助助人。妥善处理好人际关系，即处理好与父母、教师、同学、朋友、异性的关系，其中尤以朋友关系最为重要。据调查，当青年学生产生烦恼和苦闷时，有60%以上的人以朋友为第一倾诉对象。

5. 劳逸结合，科学用脑

一定的学习压力可以激起青年学生的学习兴趣，提高学习效率，对心理的健康发展大有裨益。因此，我们提倡勤于用脑。但是，过度用脑则会使大脑的神经活动遭到破坏，导致心理疲劳，使智力下降，精神萎靡、失眠疲惫。心理疲劳的青年学生不但完不成学习任务，而且还会严重妨碍心理的健康发展，所以学生不仅要勤于用脑，而且要科学用脑，做到劳逸结合。所谓科学用脑，是指让学生大脑的各种神经细胞依次轮替活动，使大脑的兴奋和抑制过程平衡协调。为此，一要学会科学地安排一天的学习、工作和生活时间，学习时间最好控制在10个小时以内，而且要休息好，保证课余活动，拓宽兴趣范围。这样，使学习、生活有紧有松、生动活泼，才能更好地提高学习效率、保持身心健康。

6. 积极参加课余活动，丰富学习生活

青年学生的课余生活内容丰富、形式多样，富有时代气息，是心理健康发展的场所之一。参加各类社会实践活动，可以了解社会实际，为自己今后适应社会、接近社会奠定基础；参加科技兴趣小组的活动，可以充分发挥自己的潜能，激发广泛的兴趣，增强动手动脑的能力；参加琴棋书画、体育锻炼和郊游等活动，既可以陶冶情操、锻炼意志、扩大社交范围、形成开朗乐观的性格，又可以发展能力、缓解心理的紧张、释放多余的能量。事实证明，多才多艺的学生极少出现心理障碍。

三、心理障碍或疾病的防护和治疗

青年学生一旦出现心理问题、障碍或疾病，应及时进行矫正和治疗。矫正的途径可根据障碍的轻重程度求教或求治于三个方面。一是心理咨询，二是心理治疗，三是药物治疗。

1. 心理咨询

心理咨询主要是心理学工作者或心理咨询专家通过回答问题、解疑释惑、提供建议、商量讨论等方式，为有心理问题的人解决其心理问题的一种方法。它是通过患者和咨询工作者的相互交谈进行的。咨询中没有病人和医生的关系。咨询专家只是你的一个朋友和心理活动倾听者，而你只是一名访问者而已。心理咨询的对象主要是那些适应不良、心理危机的正常人，或由轻微心理问题，如自卑、忧郁、紧张、孤独、失眠的人，或正在恢复和已经恢复的病人。严重的心理疾病患者则不属于心理咨询的工作对象。

心理咨询的作用在于：第一，疏导咨询者的情绪，鼓励他们把内心的痛苦说出来，以减轻或解除心理压力；第二，帮助和指导心理问题者正确认识事物，分析产生心理问题的根源，改善其认知结构；第三，帮助和指导心理咨询者在学习、生活和工作中建立起正常和睦的人际关系，养成良好的行为习惯，交给他矫正和防护不良心理的方法，以达成彻底缓解和解除心理矛盾的目的；第四，协助医生早期发现心理异常，为早期预防和治疗提供信息。

心理咨询在解救心理问题者的心理危机中有着不可低估的作用。很多时候，一个人的心理冲突、情绪冲突、焦虑抑郁、自杀倾向等都是一时性的，经过心理咨询师工作者的开导会防止其继续恶化，并且可以引导他们向积极健康的方向转化。心理咨询的方式颇多，常见的方式有：

（1）门诊咨询。在一些精神病院、综合医院设有定期的心理咨询门诊，它由专门人员接待前来咨询的心理问题者，并回答各种问题。

（2）专栏咨询。在报纸杂志上开设专栏，选择有代表性的问题作答。我国目前这方面的刊物有《中国青年》、《大众心理学》、《中国心理卫生杂志》、《医学心理学》等。

（3）信件咨询。通过与专家的信件交往而求得开导和帮助。

（4）现场咨询。到心理问题较多的现场去提供切实可行的实际服务。

（5）电话咨询。通过专设的电话为求助者提供缓解心理危机的忠告和劝慰的方法。

2. 心理治疗

心理治疗，又称精神治疗，是医生或心理治疗者实施的旨在改善心理状态和行为问题的心理治疗技术和措施，它是运用心理学的方法来改变患者的心理状态。心理治疗的工作对象主要是使中度和重度的心理障碍者。

心理治疗和心理咨询的关系极为密切，有时我们甚至很难将两者分开。这主要是因为：咨询心理专家本身就起着心理治疗的作用，并且咨询专家在咨询中也采用一些心理治疗的技术；两者都是运用有关心理科学的知识和方法来解除人的心理障碍。因此，心理治疗和心理咨询是相互渗透、相互结合、共同进行的。有人将两者的细微差异归纳为四个方面：第一，心理咨询以发展性咨询为主，心理治疗是以障碍性治疗为主；第二，前者内容以疑惑、不适应为主，心理治疗是以障碍、疾病为主；第三，心理咨询是轻微的心理问题，心理治疗则是相对严重的问题；第四，前者可以在非医疗的情境下进行，后者一般在医疗情境中进行。

心理治疗的方法很多。在众多的心理治疗方法中，影响大、使用广、较为典型并且适合于青年学生心理障碍治疗的有：①一般心理疗法。指通过医务人员或临床心理学工作者与患者的直接交流，根据辩证唯物主义观点和患者的实际，运用语言向患者解释，以消除心理障碍。如支持疗法、心理疗法、行为疗法、认知疗法、催眠疗法、生物反馈疗法、集体疗法、家庭疗法、婚姻疗法、森田疗法等等。②读书疗法。此法主要应用于神经症和心身疾病者康复期的巩固治疗。治疗中有目的地、有组织地选择一些人生观、哲学、伦理道德、身心保健及诗歌等书籍让患者阅读，还可以让患者自己吟诗，写读书感想和体会，写日记，使之心理矛盾得到升华，达到身心松弛和净化的目的。

3. 药物治疗

某些心理障碍尤其是精神性的疾病，除了心理治疗之外，还需要进行药物治疗。药物既具有药理作用，也具有一定的心理疗效。药物治疗有精神药物和中医治疗。值得注意的是，药物治疗必须在医生的指导下进行，随意服药会产生更大的不幸。

第四章

控制不良情绪培养高级情感

第一节　情绪情感概述

一、什么是情绪与情感

我们每一个人都有所爱有所恨，有时哀有时乐，这些爱、恨、哀、乐就是情感、情绪。那么，它们的实质是什么呢？情绪和情感是人对客观事物的态度的体验。情绪、情感的性质决定于事物对人的需要之间的关系。一般来说，凡是满足人的需要的事物，都会引起肯定性的情绪体验。凡是不能满足或妨碍满足人的需要的事物，则会引起否定性的情感体验。

在日常生活中，人们对情绪和情感并不做严格的区别，但在心理学上，情绪和情感两个概念是有区别的。情绪通常是与天然的、生理的需要相联系，具有较大的情境性，如口渴时饮水的欢快，巨雷引起的恐惧；情感则制约于社会关系和社会性需要，具有较大的稳定性和深刻性，如失去亲人的悲痛、没有做好工作的羞愧等。

情绪情感的功能大致如下：①信号功能。人们通过情绪、情感的表露，表达了他对周围事物的态度、观点，我们从一个人的情感态度上，可以洞悉他的需要、兴趣、观点和价值观念；人也能够通过情感的表达来了解、影响他人。因此，教师可以根据学生的情感表露来了解学生喜欢什么，讨厌什么，需要和不需要的是什么等，依此来了解和掌握学生的内心世界。教师也可以通过自己的爱憎来影响学生的看法，通过自己的表情动作来影响学生的行为。②调节功能。情绪、情感可以成为活动的动机，产生达到激励和制约性影响效果。③专注与排拒作用。情绪情感促使意识与行为的范围缩小，使人的思想与行为专注于和情绪情感有关的事情上，排拒其他的活动和事物。例如，一个人对科学的炽热追求，可使他对其他问题如吃住、金钱等都不屑一顾，处处考虑的是自己的科研工作；一个学生在热恋时，会把学习、朋友、家庭全部抛之脑后，把注意力和行为都集中到了恋人身上。

情绪情感有两个显著地特点：①两极性。首先表现为情绪的肯定和否定的对立性质，积极的、增力的和消极的、减力的性质，也表现在紧张和松弛、激动和平静的两极。②机体变化和表情动作。情绪状态与机体的生理变化密切相关。如激动时呼吸暂时中断，忧虑时抑制胃肠蠕动和胃液的分泌。情绪状态发生变化时伴随有表情和姿态表情的变化，测谎器就是利用情绪状态时产生的生理反应的原理而设计的。表情动作是我们了解他人情绪的重要指证。一个人通过表情表明他的思想情感往往比他口头表白的更真实。

二、情绪情感的种类

1. 情绪的种类

情绪可以分为心境、激情和应激。

（1）心境。心境是一种微弱而持久的情绪状态，如心情愉快或心情抑郁。心境不是对某一事物的特定体验，它具有弥散性。一个人心境好的时候，遇人遇事都高兴，淋雨也会感到凉爽。但心境不好时，就会感到人人似乎都与自己作对，绵绵阴郁愁煞人。引起心境的原因是多方面的，可以是工作上的，环境方面的或是个人健康方面的。心境对人的生活和活动有很大的影响。

（2）激情。激情是一种爆发式的、强烈而又短暂的情绪状态。激情通常是由一个人生活中具有重要意义的事物所引起的，如亲人死亡、无端受辱等。人处于激情状态时，认识范围缩小，自我控制力减弱，理智分析的能力也受到抑制，因而，激动往往使人鲁莽行事，并且意识不到行动的后果。

（3）应激。应激是由出乎意料的紧张情况所引起的情绪状态。人在遇到突如其来的或十分危险的情况时，在必须迅速做出抉择时，会引起应激状态。例如，司机驾车遇到危险情境时，人遇到突然的巨大自然灾害时（如洪水、失火等），需要我们迅速判断情况，瞬息之间即做出决定。此时，就会产生应激状态。应激会产生一系列的生理变化，如心跳加快、血压升高、呼吸急促、血凝较快等，并且呼吸、意识活动出现变化，如自我监督产生困难、知觉与记忆产生错觉等等。

应激状态引起行动的积极化。例如，面对危险时积极行动起来消除危险，或者逃避危险情境。但是，长期处于应激状态，会损害健康，导致疾病发生。研究表明，消化道溃疡、心脏病、高血压、偏头痛、哮喘病等，都与情绪有关。因此，当我们面临危急的情况下，我们应以崇高目标和坚强的意志控制自己的情绪。

2. 社会情感

人的社会情感反映了一个人的精神世界，反映一个人的个性面貌。社会情感一般分为：道德感、美感和理智感。

人根据道德标准来认识、评判别人和自己的思想、行为所产生的情感体验，就是道德感。例如，我们对学生自觉参加抗洪救灾行为的敬佩之情，或对某个犯罪学生没有尽到最大的努力予以教育、挽救而感到的内疚。道德感有爱国感、责任感、正义感、友谊和良心等等。

美感是对事物的美的体验。不仅自然景物和艺术品可以产生美感，社会上和精神上的美好东西也可以引起人们的美感。美感与道德感都与一定的社会标准相联系，不同的社会、时期、阶段，评判的标准是不同的，道德感和美感的内容也不一样。

理智感是在获取知识、探求真理时产生的情感体验。例如，在认识和探索时有所发现的惊喜，学生解题时解不出时的懊丧，对一些疑难问题难以作出判断的犹豫，对一些结论正确性的怀疑，等等。理智感可以激发人们去克服认识过程中的困难，教师应该培养学生理智感的发展，从而促进学生对知识的热爱，对真理的孜孜以求。

第二节　青年学生情绪的控制与调节

一、青年学生情绪的特点

1. 既日渐稳定，又容易激动

青年大学生的情绪在时间上比中学生有更长的延续性。一件事情引起的反应可以久久留在心头。这种情绪的稳定则带来了心境。高兴起来，则心情舒畅，可以对周围的人和事产生好感，干什么都有劲，甚至对平时不感兴趣的活动也津津乐道，此时也容易接受意见。不愉快的时候表现为对周围事物的厌烦，即使对平时感到有趣的活动也索然无味。但同成人相比，青年学生的情绪仍属于容易激动、不易控制。主要表现为心境变换比较频繁，容易产生激情，遇事容易冲动、兴奋、激昂，或是生气、发火、争吵、反抗。有时盲目狂热，做蠢事、坏事，甚至做破坏性的事情。

2. 一般处于紧张状态之中

青年学生每天要学习，要思考问题，大脑处于紧张状态。期中、期末考试更是高度紧张。集体内，同学之间的关系，需要经常思考、调整等等。这些都使他们情绪经常处于紧张状态之中。适度的紧张，可使思考能力增强，反应速度加快，动作比较灵敏，工作、学习效率显著提高。如：考试前的紧张可提高反应力，比赛前的紧张可增加应激能力。但过度紧张则会使心跳加快、血压升高、胃分泌物增多，长期下去，会造成身体上的病症，还会引起焦虑。需要指出的是，大中专学生的紧张与中学生的紧张不同，中学生的紧张主要是基于升学的压力，而大学生的紧张则是为系统学习知识、培养能力而不断求索的心理动机所引起的紧张，应该说，是一种连续的、适度的心理紧张。

3. 体验强烈，容易外露

青年学生对外部反应迅速、敏感，喜、怒、哀、乐都表现得比较具体。如：当考试成绩提高时，当班、系、校文体比赛获胜时，学生们往往欢呼雀跃。当校园内因某种原因突然断水、停电时，常常会听到同学们敲盆、碰瓷、吼叫等声音此起彼伏。

4. 矛盾情绪

青年学生自我意识高度发展，常常是情绪的积极行为与消极行为交织在一起。如有的女生想吃得好一点，但又怕身体长得太胖。因为学习成绩好而受到表扬、获得奖学金而愉快、欣喜，又因个别学生的闲言碎语而担惊受怕、焦虑不安。由于追求事业的成功而自信自己能达到某一目标，又常常因为条件所限和意志力不强而感到自卑。青年学生常常是因为心血来潮要如何如何，精神兴奋、情绪高昂。如遇到挫折，又唉声叹气、自责自卑。

5. 容易受客观现实和生活方式的影响

随着生活、学习、知识及活动范围的扩大，各种情况都能影响青年学生的情绪状态。青年学生受到表扬和鼓励时往往会情绪高涨；受到批评和反对时往往情绪低落。由于青年学生好胜心强，同一活动采取不同方式就会产生不同的情绪表现。如一般号召唱革命歌曲、联系表达能力等，就很少有人行动；当举行组与组、班与班、系与系之间的比赛时，则能激起高昂的情绪，主动地投入到活动中来。

6. 情绪内在、自控增强

情绪的外部表现与内在体验并不一致，有时甚至相反。青年学生经常有意识地掩饰自己的真实情绪，这是由于青年学生自我意识、心理闭锁性增强引起的。青年学生再也不像儿童那样天真烂漫、心口如一；也不同于一般青少年那样一引而发。他们一般不肯轻易吐露真情，对于心中的秘密，内心的真实想法，说还是不说，多说还是少说，甚至说真话还是说假话，要依时间、对象、场合而转移。青年学生心里存在闭锁性，但同时也存在希望被理解的强烈愿望。他的真心、真情，在适当的条件，遇到知心、知音、知己的时候，一定会倾诉和表现出来。

二、青年学生情绪的变化

青年学生情绪的产生是一个动态过程，既有一定的发展顺序，又可以互相转化。情绪发展的有序，是指由弱到强的过程，常称增力。青年学生情绪多种多样，我们以愉快和愤怒为例加以分析，供青年朋友们在实际生活中加以调节控制。

愉快可以从得意到狂喜，大致分为六个阶段。即得意—满意—欣喜—欢喜—大喜—狂喜。得意时外部表现是乐滋滋的，一副称心如意的样子。满意时，如对教师的讲课满意时，听得认真入神，并连连点头，表示符合自己的心意，愿望得到了满足。欣喜时，外部表现有明确的幸福感，常常面带微笑，精神显得轻松愉快。欢喜时，外部表现出心情非常愉快的样子，喜上眉梢的样子。大喜时，外部表现出心情非常愉快的样子，满脸笑容，大笑，歌唱。狂喜时，抑制不住内心的高兴，手舞足蹈，忘乎所以。

愤怒是因欲望和需要被阻抑所产生的情绪。从轻微不满道狂怒，大致经历了九个阶段。即：不满—气愤—温怒—怒—愤怒—激怒—大怒—暴怒—狂怒。“不满”是要求与意愿达不到目的时的情绪。外部表现是不满之意微形于色，可能是变化的开始，此时尚能自觉控制。高年级学生一般在这一阶段终止。“气愤”的外部表现是恨限于眼，对对方的行为不但不满，而且产生了憎恨，后果是容易激怒对方。此阶段也具有可控制性。“温怒”的外部表现是恨声嘀咕，指桑骂槐，是敌对情绪开始。此阶段仍可自觉控制。“怒”的外部表现是对抗相责，公开吵架，攻击开始，争执的内容有讲理的成分。此阶段自觉控制的作用不大，但稍加控制劝阻，则是可以制止的。“愤怒”的外部表现是“脸红词激”，言辞抗议，常常是激情急转，有的边抗议边离开，如遇两人都较固执，矛盾则直线上升。此时劝解还有作用。“激怒”的外部表现是手颤气促，这时激愤的一方，已经发展到一种对敌情绪的激动，力图控制自己，还控制不住。此阶段尽力做工作还可以劝阻。“大怒”时，人会不自主地趋向对方，指责、恶意攻击，无理谩骂、无理伤人，开始违法了。如此时能劝住任何一方，耐心做工作，可暂时平息。“暴怒”时人会出现对抗性的侵犯姿态。暴怒者已经失去了自我控制的能力，行动粗暴，犯罪危险已经迫在眉睫，迫切需要旁人的努力劝解和帮助，有时经过采取强制措施才能制止。“狂怒”的外部表现为：颈部血管怒涨，声音粗哑，不顾一切地狂吼，失去理智，不计后果。这时的破坏性极大，此时必须用威严的词句，强行使他们变动为静（坐下来休息）。这个阶段一般只会持续两三分钟，但这时可能出现情绪性犯罪。

虽然青年学生有一定的自控能力，但一经激怒则有可能出现较为严重的后果。由于青年学生自尊心强，常常因为一些小事儿出问题。如在毕业生离校的前后高校往往要处理多起打架伤人事件，就很说明问题。

三、青年学生常见的情绪困扰

青年学生的异常情绪，轻者可以自我调节，重者则向消极方面发展，构成情绪障碍，影响思维。忧郁时伴随有思维迟钝、构思困难。急性、慢性焦虑、忧虑、紧张、烦躁等，还可能影响睡眠。而失眠往往预示着某些病情的发生。有人统计500例内源性忧郁症，有睡眠障碍的占99.6%。严重情绪障碍则会导致自杀。如果长期遭受挫折，则会逐渐形成冷落、自卑、焦虑、忧郁的心境。内心充满了失望、自责自罪，从而萌发自杀的动机。因此，青年学生异常情绪应引起人们的高度重视。

1. 焦虑

焦虑是个体主观上预料将会有某种不良后果产生或模糊的威胁出现时的一种不安的情绪，并伴随有忧虑、烦恼、害怕、紧张等情绪体验。

焦虑不自主地影响着一个人的精神状态、认知、行为和身体状况，被焦虑所困扰的青年学生常常表现出烦躁不安、思维受阻、行为不灵活、动作不敏捷、身体不舒服、失眠、食欲不振等现象。严重焦虑能使人失去一切情趣和希望，甚至导致心理疾病，在心理上摧垮一个人。

当然，并不是说所有的焦虑都是坏事。在互联网时代信息技术高速发展的当下，由于紧张刺激不断增多、竞争不断增强，每个人都可能处于一定的焦虑状态。学习紧张繁忙、前途尚不明朗的青年学生就更加如此。适度的焦虑可以唤起警觉、激发斗志，是生活中不可缺少的。譬如，教育心理学的研究认为，中等焦虑最有利于考生自我能力的发挥，而无焦虑或高度焦虑则不利于考生水平的发挥。所以，在此所说的成为情绪困扰的焦虑主要是指不适当的高度焦虑。

青年学生焦虑集中在考试和与人交往上。中国科学院心理所的凌文辁使用“考试焦虑调查表”对我国大学生进行的考试焦虑因子分析表明，我国大学生的考试焦虑是由对考试的紧张感、自信心缺乏、对考试过于担忧、认知障碍等因素造成的，而且女生比男生更焦虑。一般认为，青年学生对人际交往的焦虑与缺乏自信、交往技能差（或自认为差）、自尊心过强等密切相关。

不适当的高度焦虑对身心健康是不利的。为此，应增强自信，相信车到山前必有路，总会有办法的，这样可以减轻焦虑；应磨炼意志，不怕困难，无谓的或过分的担忧正是焦虑的实质；应开阔心胸，不计较得失，也不杞人忧天；应当机立断，积极行动，因为犹豫徘徊会增加焦虑。总之，凡事尽最大努力，把注意力从担心转移到积极行动、争取成功上，并且百折不挠，这样可以使情绪处于振奋状态，使过度的焦虑变为适度的焦虑，从而既有助于成功，也有助于健康。

2. 抑郁

抑郁是青年学生中常见的情绪困惑，是一种感到无力应付外界压力而产生的消极情绪，常常伴有厌恶、痛苦、羞愧、自卑等情绪体验。抑郁就像其情绪反应一样，人人都曾体验过。对大多数人来说，抑郁只是偶尔出现，为时短暂，时过境迁，很快会消失。但也有少数人长期处于抑郁状态，甚至导致抑郁症。性格内向孤僻、多疑多虑、不爱交际、生活中遭到意外的挫折、长期努力得不到报偿的人，更容易陷入抑郁状态。

情绪抑郁的青年学生的主要表现是：情绪低落，缺乏活力，反应迟钝，干什么都打不起精神，不愿参加社交，故意回避熟人，对生活缺乏信心，体验不到生活的快乐，并伴有食欲减退、失眠等。他们看上去倦怠疲乏，表情冷漠，面色灰暗，仿佛陷入了痛苦的深渊而无力自拔。长期的抑郁会使人的心身受到严重伤害，使人无法有效学习、工作和生活。

要避免抑郁或从抑郁中解脱出来，就需要正确地评价自己，看清自己的长处，建立自尊，增强自信。调整认知方式，不把事物看成非白即黑，多注意事物的光明面；扩大人际交往，多与人沟通，多交朋友。如果抑郁情绪较重，应寻求心理咨询帮助。

3. 冷漠

冷漠是一种对人对事冷淡、漠不关心的情绪体验。正处于青年期的学生，情绪丰富而强烈是其基本心理特征之一。但有的青年学生却表现出对一切都不关心：对学习漠然处之，听课昏昏欲睡，对成绩好坏满不在乎，对机体漠不关心，对同学冷漠无情，对环境无动于衷。日本心理学家把具有这种冷漠状态的学生称为“三无”学生，即无感情、无关心、无气力。

国外心理卫生专家认为，冷漠是一种对挫折环境的自我逃避的退缩性心理反应，它带有一定的自我保护或自我防御的性质。分析大中专学生中情绪冷漠的人，往往可以发现这和个人经历（如努力得不到承认、好心得不到理解、历经挫折心灰意冷、父母矛盾纠纷乃至离异等）以及个性特点（如思维方式片面、固执、心胸狭窄、忍受力差、过于内向等）有关。事实上，表面冷漠的人往往内心很痛苦、孤寂，具有强烈的压抑感。冷漠无情既不利于学生的心理健康，也不利于学生的全面发展，因此国内外的教育、心灵工作者都在努力探讨克服冷漠情绪的办法。

对青年学生来说，为了消除冷漠，应充分意识到冷漠的危害性，分析自己冷漠的原因，从而做出针对性调整。在此，积极转变观念并采取行动是最关键的。人际关系是相互的，要获得别人的友情，就不能对人冷漠；若不伸出自己的手，又怎能握住对方的手呢？洁身自好，尤其是性格内向、情绪含蓄的青年学生更应主动走出自己的情感世界，实现互相沟通；克服观望、等待或被动态度，意识到自己是生活的主人和创造者，自己要对自己负责，积极地投身到各种活动，从中去获得热情、乐趣和自身价值；明白生活中虽然有假恶丑，但毕竟人间处处有真情，不应因遭遇几次挫折和不幸就一叶障目、失去自信，如俄国诗人普希金说的“假如生活欺骗了你，不要忧虑，也不要愤慨！不顺心时暂时忍耐；相信吧，快乐指日就会到来”。

4. 易怒

大中专学生正处在热情高涨、激情澎湃的青年时期，有时激情似乎难以控制。容易发怒，便是青年学生中常见的一种消极情绪。有的学生因一句刺耳的话、一件不顺心的事，就激动的暴跳如雷，或出口伤人，或拳脚相向，铸成大错。盛怒过后，却莫不后悔不迭。正如古希腊学者毕达哥拉斯所言："愤怒以愚蠢开始，以后悔告终。"

发怒是当客观事物与人的主观愿望相悖时产生的强烈的情绪反应。发怒对一个人的心身健康有明显的不良影响。通常，当发怒时，出现心跳加速、心律失常，严重时可能导致心悸、失眠、高血压、胃溃疡以及心脏病等。此外，众所周知，发怒时会使人丧失理智，阻塞思维，导致损物、殴打人甚至犯罪等许多失去理智的不良行为。

易怒的人往往以胆汁质为多，从小缺少良好的教养，自制力不强。易怒的青年学生常常有许多错误认识，如：发怒可以威慑他人，发怒可以抵挡责难，发怒可以挽回面子，发怒可以推卸责任，发怒可以逃避努力，发怒可以满足愿望等。然而事实上，易怒者总是事与愿违，所得到的不是尊严、威信，而是他人的愤怒、厌恶。

为了有效地控制发怒，以下方法会对青年学生有所帮助：①明理。只有尊重他人才能获得他人的尊重，凡事多想想后果。②宽容。只有宽以待人才能真正帮助教育他人，才能赢得友谊。③自制。俄国作家屠格涅夫就曾经劝告那些易怒的人：在发怒之前，先将舌关在口内转 10 圈，用以自制。④转移。当感到自己难以控制愤怒时，采用转移注意力或转移环境的办法是明智的。

5. 妒忌

妒忌是青年学生中有一定普遍性的不良情绪。容易引起青年学生妒忌的因素主要有以下几类：外表、成绩、能力、物质、条件、恋人、运气等等。虽说妒忌是人类的一种通性，但那些自尊心过强、认知有偏差、自控能力差的青年学生更容易产生嫉妒，而且程度一般更重。

青年学生嫉妒心理的主要表现是：对学习好、人品好、能力强的人既羡慕又妒忌，或表现不满情绪，或表现自责情绪。以谈别人的缺点为多，背后议论入党、入团、受表扬、受鼓励的同学。有的则公开别人的个人秘密。有嫉妒心理的学生常常是心理上承认自己比别人弱，但在面子上有表现出不服输、不愿意向人家学习。不仅如此，有的人为了压倒别人，常常因为一点小事儿乱说一通，有的寻衅闹事。如在推选学生干部时，一些能力强、坚持正义、学习表现好的学生反而遭到非难。

妒忌心会影响青年学生的人际关系，造成同学间的隔膜甚至对立，同时使自己处于烦躁、痛苦的情绪之中，因此需要很好的调节。首先，要学会进行正确的比较，每个人都有长处，也有短处，关键是要善于学习别人的长处，克服自己的短处。其次，要化消极的妒忌为积极的进取，“你行我也行”，奋发努力，缩小差距。最后，要充实自己的生活，培根就曾经说过：“嫉妒是一个四处游荡的情欲，能享有它的人只能是闲人。每一个埋头于自己事业的人，是没有工夫去嫉妒别人的。”

6. 压抑

青年学生所处的是一个情感最丰富、最强烈的时期，同时又是一个充满压力和冲突的时期。情绪的压抑也是青年学生中常见的情绪问题。相当多的青年学生常常感到自己的情感不能得到尽情倾诉。有抽样调查表明，约 70% 的大学生“时时感到有一种压抑感”。这种感觉有些是由自己意识到的原因引起的，而有些则是自己也不知道压抑究竟来自何方，只觉得自己有一种不满、烦恼、空虚、寂寞、孤独、苦闷、疑惑的感觉。

青年学生产生情绪压抑的原因是多方面的。在解决“自我认同”危机中会出现精神上的迷茫、情绪上的苦闷和心理上的不安。在实际生活环境中，青年学生会遇到许多问题，他们的需要无法得到满足，如人际关系紧张、“三点一线”的枯燥、成绩下降的烦恼、失恋带来的痛苦、性冲突的苦闷、情感丰富而无所寄托的孤独寂寞、对社会现实难以理解产生的疑惑、才能难以施展导致的空虚、激烈的竞争形成的心理压力等，这些都会使青年学生有挫折感，从而产生情绪困扰。这种困扰无法宣泄时，就会日积月累积淀下来形成压抑。此时的压抑往往已经失去了原来的具体内容而主要表现为一种形式。

一个时时感到压抑的青年学生常会表现出精神萎靡不振，缺乏朝气与活力，年纪轻轻却暮气沉沉，成天唉声叹气，感觉活得太累，丧失广泛的兴趣，失去敏感的知觉，失去灵活的思维；与人交往总是缺少热情，逢人好发牢骚，对他人的喜怒哀乐缺少共鸣。长期的严重压抑会诱发胃溃疡、高血压等病，往往会导致心理异常，甚至厌恶人生而自杀。专家们认为，适当的宣泄是防治压抑的有效途径。

7. 骄傲

骄傲是认为自己了不起（什么都比别人强），看不起别人的情绪体验。青年学生骄傲情绪的外部表现不像中小学生那样外露、趾高气扬的样子，而是一种内在排斥他人的心理状态，常常表现为对别人的讲话、作品、精神等不屑一顾，注意力不集中，指责的多，肯定的少。青年学生骄傲的直接后果就是学习成绩下降，人际关系淡化，上进心削弱，严重的则助长个人主义、自私心理越来越严重。

调查发现最值得青年学生骄傲的情绪体验有以下几个方面：一是某方面的能力强，如语言表达能力、社交能力、特殊能力等；二是知识面广、机灵、小聪明；三是教师和同学的信任；四是学习成绩好；五是家庭条件优越等。

8. 自卑

自卑是轻视自己或对自己不满意，认为无法赶超别人的情绪体验。具有自卑感的学生，认为自己什么都不行，外部表现为心境低沉、少开笑颜、不愿谈吐、很少交往、拒绝在公众场合露面、情绪阴沉。青年学生中轻微的自卑感可以超越，过度自卑则会导致精力不集中、消沉，有的则神经衰弱，严重的可能导致自杀。对青年学生产生自卑情绪体验的原因调查发现：一是缺乏某方面的能力（如社交能力、口头表达能力、特殊能力等等）；二是学习成绩不如别人；三是事业恋爱屡遭挫折；四是生理条件（如身高、体型、外貌等）不及别人；五是家境贫寒、经济紧张。这些原因会造成青年学生性格孤僻，不能与他人融洽相处。

9. 挫折

挫折是个体从事有目的的活动遇到阻碍和干扰，以致使动机不能得到满足时产生的情绪状态。挫折状态不是单一的情绪，它至少包括痛苦、失望或焦虑。人们对生活中受到挫折的处理是不同的，有的可能因挫折而改变行为方式去实现显示的目的或达到需要的满足，从而克服挫折消极情绪的作用。如一次考试失利后，可以认真总结经验、找出原因、奋发图强。恋爱受挫后，可以把这种情绪升华到事业，促进事业的成功。有的人则可能由挫折产生失望，失去自信与尊严，严重的也可引起极度痛苦，情绪消沉或行为异常，甚至引起其他疾病（如精神病）等。

四、青年学生情绪的控制与调节

艺术史、科学史大量的事实表明，创造性思维和稍纵即逝的灵感往往是在轻松、恬静的情况下来临的。如瓦特发明蒸汽机冷却器是在散步的时候，开普勒顿悟出苯环结构是在炉子边取暖时，高尔基想出出色的构思是在剧场看戏时。相反，坏情绪往往会扼杀创造性思维，消极情绪会抑制思维进行、影响正常判断，因为消极情绪会使大脑的左、右两半球处于不协调的状态。但是，情绪不光全是本能的，人们的理智能影响情绪、情感。人们所受的外界刺激也会对个人的心理品质有密切的影响。为此，青年学生需要一个优化的大脑，健康的心理素质，需要对自身进行调节控制。

1. 保持良好的心境，具有较高的思想境界

青年学生正是人生观、世界观迅速形成和稳定的时期，为此要树立革命乐观主义的人生观。只有这样，在困难和挫折面前，心情才能开朗、豁达。要有较高的思想境界。境界越高，境界越开阔，就越容易克服外界不利因素或刺激的干扰，从而避免更多的消极情绪的产生。马克思一生颠沛流离，不幸接踵而至，但是，这并没有影响他的研究，因为他知道，“我们的事业虽然不显赫一时，但将永远存在，将来面对我的骨灰，高贵的人们将洒下热泪”。崇高的精神境界控制了不幸给他带来的情绪波动。因此，树立良好的人生观、世界观，就能辩证地、全面地看问题，能防止一叶障目不见泰山，正确对待坎坷和失败。如爱因斯坦研究统一相对场论时，有人问他，进展如何。他回答：“我已证明，有 99 种方法是行不通的。”从 99 种失败看到 99 种收获，也十分开阔。树立乐观主义人生观，要有一定的幽默感。幽默感可以松弛紧张的神经，保持良好的情绪，促进身体健康，心情快乐。萧伯纳晚年多病，但从不唉声叹气。他在墓志铭中写道：“我知道这样的事（指死亡）或迟或早会发生的。”正是幽默使他愉快地度过了自己的一生。

2. 学会情绪的自我调节，培养健康的情绪

情绪的产生，情绪的性质以及情绪的程度都与认识因素直接有关。所以，人可以学会对情绪进行自我调节，培养健康的情绪。具体地说，情绪的调节在于要学会保持愉快地情趣，维护好良好的心境，在于要学会克制、约束某些不良情绪的表达，在于要学会疏导、宣泄情绪，使其在社会允许的范围内表达。学会情绪的自我调节，对青年学生而言有很大的意义：①可以更好地发挥良好情绪的功能，促进情绪对自身的健康、全面发展的积极影响，避免情绪的消极影响；②可以在使情绪平衡发展的基础上，保持愉快的心境；③可以促进情绪的成熟，培养健康的情绪。

一般来说，情绪的自我调节可以从以下几个方面入手：

（1）保持愉快的情绪。林肯说：“人只要心里快乐，大多数都能如愿以偿。”

知足常乐。对一切不要抱过高的期望，不做非分之想，不苛求，对人、对事、对己都应如此。古人说，“风物长宜放眼量，牢骚太深防断肠”就是这个道理。应把自己的抱负定得切合实际，这样就会有成功的体验，会为自己的成绩和进步而快乐；不应苛求十全十美，这样就不会为小事的瑕疵自责，容易心情舒畅。

自得其乐。对各种事物保持兴趣，像孩子一样对环境中的色彩、声、光、美景等宇宙万物持一种欣赏和赞美的态度，倾注热情，积极参与生活，享受生活的乐趣，发展业余爱好，从中享受快乐。对于会自得其乐的人来说，生活是一段区位为穷的快乐旅程。

创造快乐。树立乐观的人生态度，养成了乐天愉快的习惯，学会幽默的面对生活，微笑迎接困难，这样就能保持和创造愉

快的心境。成功的幽默能使人心情舒畅、接触烦恼、振奋精神、增加信心，但成功的幽默需要以幽默的处世态度为基础。

增加自信。悦纳自己，不自卑、不自怜、不自责。正确的、充分的自信是保持良好心情、保持愉快的重要条件，而充分的自信则来自于对自我的正确评价。此外，适当的赞美自己也有助于增加自信，增添快乐。如国外流行的“60 秒 PR 法（PR 为‘自豪’的缩写)”，就是每天用一分钟大声讲述自己的优点，对着镜子表扬自己，以增强自信。

不自寻烦恼。俗话说，自寻烦恼的人永远不会找不到烦恼。怎样才能不自寻烦恼呢？美国心理治疗专家比尔·利特尔这样告诫人们：①不要滚雪球似的扩大事态，当问题第一次出现时就正视它；②不要把别人的问题揽到自己身上而自怨自艾、引咎自责；③不要总盯着事物的消极面；④不要总预料会出现坏事；⑤不要把目标制定得高不可攀；⑥不要贬低自己的价值；⑦不要小题大做，鸡蛋里挑骨头；⑧不要总觉得自己在受苦受难。

多点宽容。宽容自己和别人是心理健康的表现，也有利于保持心情愉快。不肯宽容别人的人既容易被别人怨恨，也往往会使自己的心身受到伤害，而不肯宽容自己的人则容易使自己整天处于自责、悔恨当中。宽容并不是不讲原则，而是能以一种豁达的襟怀理解人生，承认每个人都会有过错。宽容别人是爱心的流露，宽容自己也是悦己的表现。

学会自我解脱。遇事要想得开，要心胸开阔。须承认，生活中不会只有快乐，还会有痛苦；不单有成功，也会有失败；不尽是圆满，也会有缺陷。只有这样，才会在顺境时，格外觉得幸运；在逆境时，也承认这是理所当然。从而使自己拥有一种良好心境，而这样的心境往往能创造出更多的收获。

学会克制忍让。忍让克制是最好的制怒术。宽容大度胸怀和较强的自制力是忍让克制的基础。遇到使人愤怒的事情，应进行“冷处理”，如可先数 1 到 10 这十个数字或采取离开现场的做法，这样会有助于缓解或缓和矛盾，化解愤怒，保持情绪的稳定和行为的理智。

多交朋友。与朋友在一起，可共同从事一项有意义的或有趣味的活动，以放松紧张的情绪；与朋友在一起，可互相交流感情、分享快乐、分担忧愁。正如培根所言：“如果你把快乐告诉一个朋友，你将得到两个快乐；而如果你把忧愁向一个朋友倾吐，将被分掉一半忧愁。”

多帮助别人。为别人做些事有利于肯定自己，更可获得珍贵的友谊，从而使人忘却烦恼，感受快乐。多做好事是增进情绪的良方，而且简便可行。

（2）克服不良情绪。人遇到挫折时，有时候难免会心情不好，有各种不良的情绪反应，如忧郁、焦虑、愤怒等等。运用适当的方法，将有效改善情绪。

正确归因。决定情绪的是人的知识。有一句名言说得好：“人受困扰，不是由于发生的事情，而是由于事实的观念。”可以说，人的大部分情绪的困扰来自错误的观念，以一概十、以偏概全的过分概括化观念，把事情想象成非常可怕的糟糕透顶的观念。因此，正确的归因，找到问题的症结所在，改变错误的观念，是克服不良情绪的关键。事实上，每个人都要对自己的情绪负责，所谓“天下本无事，庸人自扰之”。如果能主动地调整自己的看法和态度，纠正认识上的偏差，多从光明方面看问题，就可减少或消除不良情绪，变阴霾为晴朗。

善于疏泄。我国台湾作家罗兰在《罗兰小语》中写道：“情绪的波动对有些人可以发挥积极的作用。那是由于他们会在适当的时候发泄，也可以在适当的时候控制，不使它们泛滥而淹没了别人，也不让它们淤塞而使自己崩溃。”情绪的疏泄，尤其是不良情绪的疏泄相当重要。从生理卫生的角度讲，过分压抑自己的情绪，只会使情绪困扰加重，不利于心理健康。而适度的疏泄可以把不快的情绪释放出来，从而使紧张的情绪得到轻松、缓和。

情绪疏泄的方法有许多种。譬如，可以用倾诉法：既可以向师友亲人诉说心中的烦恼和忧虑，也可以用写日记的方法倾诉不快。可以用哭泣法：在悲痛欲绝时大哭一场，可使情绪平静。可以用发泄法：通过“喊叫治疗”、“模拟治疗”等方法，来发泄烦恼，宁心息怒。日本一些公司的充气工头像就是用来让工人发泄对上司的不满的。当然，情绪的疏泄要有节制，要注意方式、方法和时间、场合，尽量不要影响到别人、不损害自己，否则会带来新的情绪困扰。

注意力转移。情绪不佳时，转移自己的注意力，转换一下频道，做一些自己感兴趣的事情，如外出散步、看电影、读书、打球、找朋友聊天、换换环境等，都有助于是情绪平静下来，在活动中寻找快乐。

自我安慰。在遇到挫折时，适当地进行自我安慰，可以缓解动机的矛盾冲突，消除焦虑、抑郁、烦恼和失望等情绪，有利于保持心里的安宁和稳定。如考试失败时，用“胜败乃兵家之常事”、“失败是成功之母”来安慰自己，从而从懊丧、焦虑中解脱出来；在因挫折而遭受情绪困扰时，一般可用“亡羊补牢，犹未为晚”和“塞翁失马，焉知非福”来做自我安慰，以解脱烦恼、自我激励、总结经验、吸取教训。

积极自我暗示。自我暗示是运用内部语言或书面语言等形式来自我调节情绪的方法。暗示对人的情绪、行为都有奇妙的影响和调整作用，既可以用来缓解过分紧张的情绪，也可以用来激励自己。例如情绪激动时，通过自我默诵或轻声警告，如“冷静些”、“先别忙、看清题”、“我一定能考好”来保持自己的情绪的平衡。不少青少年的床头墙角贴着“镇定”、“三思而后行”、“制怒”等条幅，正是针对自己的弱点，用书面语言提醒自己采取的办法。自我暗示的作用还具体体现在自我放松训练中，通过自我默想，使意识范围逐渐缩小，排除外界干扰，全身松弛，纠正情绪的失衡状态，使人从烦恼、愤恨、紧张等消极情绪中解放出来，达到内心的平静和安宁。

学会放松。当人陷入紧张、抑郁、焦虑等不良情绪中时，放松自己是调节情绪的有效办法。放松有动的放松和静的放松两种形式。体育运动可以使人心情舒畅，可以缓解焦虑、消除紧张，是动得放松，而气功则是静的放松。

音乐调节。音乐具有明显的调节情绪的功能，这已经为越来越多的人所承认。不同的音乐所激发的情绪反应不同。比如，节奏明快、铿锵有力的音乐能振奋人的情绪，而旋律优美、悠扬婉转的乐曲则能使人的情绪安静和轻松越快。

情绪调节的方法多种多样，需要根据每个人的情绪问题的类型、程度、原因以及个体特征采用适宜的方法。此外，当情绪困扰严重而自己又一时难以调节时，应及时寻求心理咨询机构的帮助。

第三节　高级情感培养与锻炼

关于情感问题，本章第一节已经做了简要的叙述。总之，情感是由情绪的升华而形成的对待定事物产生的稳定态度。情感对人的行为的影响是深层次的、持久的。例如，人类社会物质文明和精神文明的高度发展使人类的社会生活和工作环境都有所改善，从而逐渐形成社会道德风尚的日趋完善。事实上，完美的艺术享受总能给人一种愉悦、舒畅、放松的情绪，而满意、幸福和充满希望的赞扬，则更能给人以一种被肯定、被激励的积极效果，而和谐的情感，总给人以安全、温馨并促使人努力去创造这种幸福与和谐的动力。

高级情感是相对于人的生理情感而言。它主要指的是社会性情感，是人类所特有的带有理智性的、具备正确的价值评判、推动人类文明、人与自然和谐相处、人与社会和谐发展的一种复杂而高尚的情感综合体。高级情感主要分为道德感、理智感和美感三大类。其他的高尚情感如责任感、使命感等，都是以此作为基础升华引发而来的。

一个人的情绪、情感既可以成为自己行动的内驱力，促使其奋勇当先去面对和处理学习生活中的各种具体问题；也可以是其消极的，并由此发展为回避社会现实进而变得懒散或堕落、一事无成。情感不仅影响着青年学生的行为同时也影响他们的身心健康。因而，作为青年学生要主动地学习相关知识，提高自己对自身心理方面的认识水平，学会控制自己的情绪，自觉培养自己的高级情感。

培养高级情感不是一朝一夕的事情，需要个人做出长期的持久的努力，并不断积累经验。在日常的学习和生活中，青年学生应当做到以下几个方面：

一、要有乐观的人生态度

青年学生应通过学习，学会辩证的认识社会的发展和漫长的人生道理。在人的一生中，难免会遇到各种各样的问题和困难，会遭遇一些坎坷或阻碍，甚至“不如意之事十之八九”。因此，遭遇磨难，是每一个正常人都避免不了的，关键在于自己对困难和挫折的态度。这要求我们要学会身处顺境而不能得意忘形，失去对客观事物的理智认识；身处逆境也不要悲观失望，在逆境中更要发愤图强从而使自己更加坚强从而向成功进发。尤其在青春期的青少年更具有才智，从而使逆境的经历成为人生的巨大财富。有句名言说得好——“自古英雄出少年”。这既是对青年的鼓励和激励，也说明了青年时期在人生中的宝贵：只有青年才有面对困难和挫折而敢有“舍我其谁”的勇气和胆识，他们不怕输，也敢于输。因为他们什么都不缺，缺的是成功的体验和失败的教训，而这所有的经历将成为日后走向成功的铺路石。英国动物病理学教授贝弗里奇说：“人们最出色的工作往往要处于逆境的情况下做出。思想上的压力，甚至肉体上的痛苦都可能成为精神上的兴奋剂。”被人们誉为“中国保尔”的张海迪，在众多的青年向她探寻成功的秘诀时，她这样回答：“也许，我会有一百次的失败，我仍然会有第一百〇一次的追求，而追求本身，就是生活给予我最好的报酬。”古今中外也不乏从逆境中崛起并走向成功的实力。如文王拘而演《周易》，仲尼厄而作《春秋》，屈原放逐而赋《离骚》。再如意大利航海家哥伦布从巴罗斯港出航横渡大西洋，冒着风险探索新航道，在慢慢地航海路上，他经历了失败、死亡的考验，几乎葬身汪洋，但他总把希望的航船驶向胜利的彼岸。青年学生由于生活阅历浅，他们从家庭到学校，在成长的道路路上总有家长和老师的“保驾护航”，能做到在成功中看到隐藏的危机，在失败中发现潜藏的希望也并非易事，需要在实践中不断总结经验，加强自身的体验与观察，才能培养起乐观的人生态度。

二、要有合理的愿望和要求

青年学生要通过学习锻炼，正确认识和评价自己，懂得自己是社会中的一员，自己的愿望及要求必须符合社会道德准则，符合社会政治、经济、物质文化生活的需要。背离这一点，就是不切实际的奢求，只会使自己的人生道路越滑越远，同时也应做好为祖国、为人民、为集体做出必要牺牲的心理准备。只有将自己的命运与祖国、民族、人民的利益联系起来，才能使自己平凡的人生闪耀出光彩。

三、要有丰富而充实的精神生活

一个精神空虚、胸无大志、追求低级趣味的人是无法想象其有什么高级情感的。作为青年学生，应珍惜自己的青春年华，从我做起，从现在做起，从小事做起，切切实实地为自己的青春谱写出精彩的篇章，奋斗的乐章，趁年轻多读书读好书，用丰富的知识充实自己，勤奋好学，培养自己成为知识广博、拥有技术、关心民族未来和社会发展的现代青年。树立远大理想，学习革命前辈和英雄人物高尚的情操、宽阔的胸怀，以使自己将来步入社会有所发展、有所作为，为人类的文明和发展做出应该有的贡献。

四、要有真挚深沉的爱

一个具有高级情感的人必然对自己和他人深怀诚挚的爱意，他们热爱生活，热爱世界上的一切美好的事物。正因为有这种深沉的爱，才激发他们巨大的热情去为理想而奋斗，为正义而奋斗，为真理而奋斗。青年学生在学习中应自觉培养自己爱的感情，从而去爱亲人、爱人民、爱祖国，并上升到爱这个生机勃勃的沸腾的生活。只有热爱生活才会于生活中去发现美、创造美；只有人爱生活才会珍惜生命，使有限的生命焕发出无限的光辉。

总的来说，高级情感的培养问题实质就是一个青年学生怎样正确地做一个高尚的人的问题。实践证明，作为青年学生，只有不断学习提高，树立正确的人生观、世界观，积极投入生活，不断完善自己，才能成为新世纪的健全的人。

第五章

青年学生的意志品质

第一节　青年学生的意志品质

一、意志的基本含义

意志是自觉地确定目标、选择手段、调节行动、克服困难、实现预定目的的心理过程。人不但要认识世界，还要改造世界。而要改造世界，行动之前，就必须在头脑中确定行动目的、拟制行动计划、选择行动决策、克服行动中的困难等。这一过程就是意志过程。因此，意识是实现人的内部意志向外部动作转化的心理过程。它在人主动和有效地变革某一客观过程的实际行动中表现出来，是人的意识能动作用的表现，为人所特有的精神活动。

人的意志行动有如下三个特征：

1. 意志行动是自觉确定目的的行动

意志是在有目的的行动中表现出来的，这个目的是自觉的、有意识的。动物有各种各样的行为，但动物没有意志，意志是人类所独有的。人之所以不同于动物，是由于人具有根据自觉的目的去行动的能力。目的在意志中起着极其重要的作用。它既能发动符合于目标的某些行动，同时又能制止不符合目的的另一些行动。目的越高，目的的社会意义越大，产生的意志力也越大。常言说："伟大的目的产生伟大的毅力。"

目的的确定，不是凭主观意志任意确定的，而是受客观现实制约的。人的目的是否能实现，要看人的目的和行为是否符合客观现实的情况和社会历史发展的规律。如果符合，人的目的就有可能达到。现实的客观规律是不以人的意志为转移的，人们不能改变它、消灭它。当人们还未掌握客观规律时，人们的行动就带有一定的盲目性。如果违反了客观规律，人们的意志就不能实现。但是，当人们一旦认识了客观规律后，人们就能摆脱对自然和社会的盲目性，从而获得自由，人们就能真正自由地发挥主观能动作用，自觉地改造客观现实。唯心主义者的"意志自由论"认为，意志是一种既与人脑无关，又与周围环境无关的精神力量。他们把意志看成是脱离现实的独立存在，可任意"创造"一切的绝对自由的力量。这是对意识动能性的恶意歪曲。科学心理认为，目的的确定是受客观规律制约的，只有按照客观规律行动，才能获得真正的自由。

2. 意志行动是与克服困难相联系的行动

意志行动是有目的的行动，目的的确定与实现，通常会遇到种种困难，而困难的克服过程也是意志行动的过程。困难有两种：内部困难和外部困难。内部困难是指人在行动时有相反的要求和愿望的干扰。例如，当要实现某种计划时，缺乏饱满的信心，畏缩不前，这对计划的实现是十分不利的。计划一经确定，就必须满腔热情，信心百倍、勇往直前，要有不达目的誓不罢休的英勇气概。外部困难是指外在条件的障碍，如缺乏必要的条件和工具，或来自他人的讥讽和打击等。困难的性质和程度有轻有重，意志行动有的简单，有的复杂，因此，意志力的水平也就有强有弱。在执行计划中，有时由于情况的变化，计划必须加以修改和调整，预定的目的才能实现。

3. 意志行动是以随意动作为基础的

人的行动是由简单的动作组成的。动作可以分为不随意的和随意的两种。不随意的动作主要指那些不由自主的动作。它们在出现之前，并不是要有意识的那么做的。比如，眼受到强光，瞳孔立即缩小；手遇到刺，立即缩回。至于随意动作，它们都是由意识指引的动作。它们是意志行动的必要组成部分。如果没有掌握这些必要的随意动作，意志行动就无法实现。有了随意性动作，人们就可以根据目的去组织、支配和调整一系列的动作，组成复杂的行动，从而实现预定的目的。

二、青年学生的意志品质

1. 青年心理发展的一般趋势

青年心理发展的一般趋势，主要是指青少年向青年期迈进的过程中心理发展的总趋势。青少年期进入青春期，心理上发生天翻地覆的变化，行为上出现了崭新的姿态，各个心理过程及个性心理特征出现了许多新的特点。并且，在整个青春期的发展过程中，这种变化一直不断进行，直至青春后期及成年初期才告稳定。青年心理发展的这种变化趋势主要表现在如下几个方面：

（1）由急剧发展走向缓慢发展。青年学生心理发展并非是呈直线匀速上升的，而是呈现出阶段性特的不同速率的。一般来说，这种不同的速率表现为先急后缓，即由发展变化急剧走向发展变化缓慢的趋势。这是生理发展的速度不同，教育环境的内容、性质及阶段性变化不同等原因导致的。变化急剧，主要是指心理品质变化的幅度大、速度快。这种急剧变化性，大多表现在青年初期至青年中期的发展阶段中。以后开始走向变化的匀速减速状态，即呈现出变化速度小、速度慢的状态。这种变化大多出现在青年中期至青年后期的发展阶段中。如果以函数曲线来表示，这种变化过程表现为先是陡起的上升曲线，待接近顶峰时，开始变缓，并逐渐呈现出水平状态，出现所谓高原现象。当然，如果此时不积极发展心理品质，这种高原现象就会被下降趋势所代替。

（2）有矛盾动荡逐渐走向稳定。前面已经提到，在青年心理发展的过程中，存在着巨大的不平衡性，青年心理发展的这种不平衡性，必将导致青年心理活动的矛盾动荡。但是，这种矛盾动荡并不是始终如一的，它是随着青年所经历的发展过程中的不同阶段而逐渐趋于稳定，直至青年晚期甚至中年期方能消失，出现较稳定的心理状态。青年心理发展的这种矛盾动荡表现在知、情、意、行等各个方面。例如，生理的剧烈变化，会带来所谓“青春期骚动”，出现强烈的情绪反应和距离的“性困惑”。在家庭环境关系上表现为亲子关系的疏远以致断裂，对家长、教师表现出普遍的逆反心理和行为，在行为举止上表现出明显的冲动性，对社会、他人与自我关系上常常容易出现困惑、苦闷和焦虑。以后，由于不断的发展成熟，青年身上的这些矛盾现象逐渐减少，代之以和谐、稳定、安宁的心理状况，愈来愈接近青年后期，这种趋势越加明显。进入中年，这一趋势即告结束。“人到中年万事休”，正是反映了人生的这一变化趋势。

（3）心理内容转向新的社会性。心理内容的社会性早在儿童期就开始了，但是，更大规模的深刻社会化，则是在青年时期完成的。在少年儿童阶段，其生活和生长全需仰仗父母，自己无须忧虑，每天的主要活动就是游戏和学习，其活动范围局限于家庭、伙伴和学校的有限活动空间。这些都使少年儿童的心理活动距离社会甚远，难以发生深刻的社会变化。进入青年期后，他们开始走上独立谋生的道路，担当一定的社会角色，身份和社会地位发生着巨大的变化，具有社会意义的活动成为生活的主要内容。他们要学会社会认知，掌握社会态度，遵守社会规范，形成复杂的交往心理、角色心理及各种社会行为。

在认识方面，青年学生不再局限于儿童那种只关心自己或自己周围生活的哪些具体的事物，而是以极大的兴趣观察、思考和判断社会生活中的种种现象、问题和事物，在认识过程中形成自己的看法，并且用这种看法知道自己的为人处事。

作为青年学生，在步入学校这个相对独立的生活环境时，大部分学生试图重建被现实排斥的自我，重新树立其自己的人生目标。在中专或大学学习的青年人更加意识到了“自我”，并注意到了自我的脆弱，因此产生了强烈的充实自我、发展自我和强化自我的需求，想要感受到一个实在的自我，一个与生活、与他人、与社会、与世界有一体感的真实的自我，努力形成和确立自我统一性，是青年期的重要课题之一，这就是自我的统一性。在这个过程中，青年人需要完成对某种社会职业的选择、对个人终生目标机展望的形成和人生观的建立。

总之，到了青年期，社会心理内容已经成为他们心理活动的主干，幼稚的儿童期心理已经彻底消失，青年的行为已经不再单独受社会的影响力影响，而是服从社会性驱力了。

2. 青年的意志品质

基于以上对青年心理发展一般趋势的分析，青年学生的意志品质具有以下特征：

（1）一致行动的主导动机逐步明确。动机是多层次、成系统的，其中，有一种动机期主导性作用。这种主导性动机，往往觉醒或支配着人的行为活动。主导动机越明确、水平越高，其意志力则越强。

青年学生行动的动机一般是正确的、健康的，但他们缺少社会“阅历”，不懂得“处世”良方，还不很了解社会，他们往往好高骛远，急于求成，因此，遇到一些困难和挫折，就容易心灰意冷，产生徘徊、犹豫、苦闷、失望，甚至出现轻生的念头，可见青年学生的意志力容易动摇，行动的主导性动机还是不太明确的。

青年学生的意志行动的动机有一个发展过程，一般地说，它的趋势是从比较短近的、狭隘的动机逐步向比较自觉的、远大的动机发展；从比较具体的动机逐步向比较抽象的动机发展；从错误的动机逐渐向正确的动机发展，而且后者逐步成为主导的动机，并为主体意识所代替。青年学生的意志行动容易动摇，是因为他们缺乏自觉而远大、正确的主导动机。发展青年学生的良好主导性动机是教师和家长的重要任务。

（2）意志行动的多变性与稳定性交织在一起。青年学生正处于认知能力不断发展、情绪情感动荡不定，个性心理特征不断完善的时期，往往会影响到青年的意志特点，使青年的意志行为呈现出多变性与稳定性相交织的一种错综复杂状态。他们既有迅速、果断地做出合乎逻辑的判断，在活动中自始至终地实施一个动机，做出巨大意志努力的一面；又有轻率地改变动机、摇摆不定，以至于半途而废的一面。但随着认识能力的不断提高，知识经验的不断积累，个性细腻的不断发展，多变性逐渐减少，好的意志品质逐渐形成。

（3）意志行动动机的现实性与社会性发展。研究者认为，人在小学阶段还没有明显的价值观的动机，到了中学，逐渐懂得了什么对自己最重要。对小学生来说，最关心的是学习，非常希望得到好成绩，这也是教师和家长培养的结果；步入中学后，随着自我意识的发展，已经形成价值观，动机的现实性和社会性不断地发展起来，并且有一定时期和社会的背景。

动机的现实性随着年级的升高而发展，是符合青年学生认识规律的，正反映了这个问题的年龄特征。因为，随着年的社会化不断深入，青年的生活准则和生活目标更多地倾向于各种社会性的需求和要求，因而他们的意志行动也就更多的受社会性需要所制约，更多地与社会目标结合起来，形成意志行动明显的社会倾向。

（4）意志行动的坚定性逐渐形成。青年学生对社会与人生的感性认识和理性认识都在不断地提高，自我控制能力日渐发展，因此，能在意志行动中更大限度地摆脱个人情绪的干扰，不畏艰难，不惜任何牺牲，为了明确的目标而持之以恒，形成一致行动上的不可动摇的坚定性。

第二节　青年学生的意志与成才

意志是人们自觉地克服困难去完成预定的目的的任务的心理过程，是人的能动性的突出表现形式。

人类的活动是有意识的、有目的的、有计划的。只有人类才能在自然界打上字节意志的烙印，能够自觉地确定目的，克服困难。人的目的是主观的、观念的东西。主观要见之于客观，观念要变为现实，必须付诸行动。如果说，认识是外部刺激向内部意识的转化，那么，意志就是内部意志事实向外部动作和活动的转化。这后一个转化，即表现为意志对人的行动的支配和调节作用。一方面，这种支配或调解是根据自觉的目的进行的；另一方面，正是通过这种对行动的支配或调节，自觉的目的才能得以实现。意志对行动的调节，有发动和制止两个方面，前者是推动人去从事达到预定目的的积极行动，后者表现为抑制或拒绝不符合预定目的的行动。发动和制止这两个方面又在实际行动中得到统一。正是这种调节，才使人去克服各种外部和内部的困难，去争取各种成功。

意志的锻炼是一个古老的话题，我国古代学者，都提倡品行、意志的陶冶。孟子说过："天将降大任于斯人也，必先苦其心志，劳其筋骨，饿其体肤，空乏其身，行拂乱其所为，所以动心忍性，增益其所不能。"可见一个人是否能有成就，除去客观条件，主要决定于自身修养，青年人能否具成才，是否具有坚强的意志是个重要的因素。

一、坚强意志的特征

1. 自信心

自信心是一个人在将自己的实力同要解决的问题进行比较和估量后产生的一种相信自己的实力、不把问题放在话下的心理状态。孟子说："如欲平治天下，当今之世，舍我其谁也?"表现的就这样一种心态。陈胜在年少时曾慨叹："嗟乎，燕雀安知鸿鹄之志哉!"表现的也是这种心态。项羽在见到秦始皇威风凛凛的大队人马时，曾说："彼可取而代之!"毛泽东在《沁园春·雪》一词中写道："数风流人物，还看今朝。"这些，都是自信心具体表现，这种自信心是人们发现自己、成就事业的原动力之一。

自信心的极端表现为狂妄，这是由于过高的估计自己的力量及有利因素、过低地估计对手及不利因素而产生的一种心态。"夜郎自大"、"螳臂挡车，不自量力"都是对那些缺乏自知之明的人物的嘲讽。狂妄并非是一种真正的自信，它往往和人们的阅历、知识经验的缺乏联系在一起。自信心应建立在对自己的实力和所需完成的任务有着清醒和正确认识的基础上。否则，智慧令人感到浅薄、幼稚和可笑。

但自信心作为意志品质的一个构成要素，却是须臾而不可或缺的。牛顿小时候温顺、腼腆、和善、怕羞、不爱说话，但当一位同学砸烂他做的一架漂亮的小水车，有的同学也趁机起哄、叫他“笨蛋”、“蠢木匠”以后，他不禁大怒起来，不顾一切地冲上去，还把那个同学打到。这件事情看起来很好笑也是一件小事，但这件事却成了牛顿一生中的重要转折点。从此，他的自信心被唤醒了，也为自然科学将要发生的巨大变革拉开了帷幕。法国伟大的思想家卢梭在步入中年时，经过多年的冥思苦想，终于发生了重要变化：他再也不是那个腼腆、羞涩、过于谦逊、既不敢见人又不敢说话、一句话就使他手足无措的人了，他大胆而豪迈，处处显示出一种自信。他的自信给他带来勇气，使他后来成为一个巨人。他说：“我那突如其来的辩才就是从这里产生的；那种从天而降、燃烧我心灵的烈火，也就从这里散布到我的作品里的。这种神气之火，在前四十年中一直不曾迸发出些微小的火星来，因为它那时还没有点燃。”由此可见，自信心是人走向成功的一块重要基石。

2. 好胜心

好胜心的心态是不甘落于人后，不甘屈服于他人，不甘承认自己不如他人，于是发愤图强，以显示自己超出他人的能力、学识和才干，总想出人头地。和自信心一样，好胜心是人们意志品质的有一块基石。

被誉为“活的雕像之美”的京剧盖派鼻祖盖叫天，早先羡慕著名艺术家谭鑫培，见谭鑫培艺名叫“小叫天”，便给自己起了个艺名叫“小小叫天”。谁知他竟招来了数不尽的冷嘲热讽，说他不配这个名儿。怎么不配？他深深感到得争这口气。于是，干脆去掉“小小”二字，换上个“盖”字，用起了“盖叫天”的大名。从“小小叫天”到“盖叫天”，这更名之举，反映了盖叫天见贤思齐，不甘人后、立志超越前辈的气概。从此，盖叫天心怀“盖”“叫天”之志，天天闻鸡起舞，苦练技艺，百折不挠，风雨无阻。演出中，他折断过左臂，又折断过左腿，但每次都以坚强的意志，重返舞台。日积月累，千锤百炼，他果真“盖”“叫天”而过之，成为卓有建树的京剧表演艺术大师，创造了盖派艺术，被人们称之为“艺术形式美的大师”。

中国古人曰：“天行健，君子当自强不息”，说的就是这种精神。拿破仑说：“不想当元帅的士兵，不是一个好士兵”，讲的也是这种精神。毛泽东同志曾说：“人总是要有一点精神的，这种精神就是一种不甘落后，力争上游的精神。”

好胜心的另一面是豁达心理。这种心理一般根基于较有涵养的胸怀。既赢得起，又输得起，不单纯以一时胜负左右自己的情绪，搞乱自己的阵脚，也不是找各种理由或借口为自己开脱，或破罐子破摔，而是积极找原因，力求下一次的胜利。这是一种很可贵的心理，从本质上看，他同人的好胜心理是一致的，只是表现不同罢了。

3. 事业心

事业心是人们对于与人类有益的某种活动、某项工作、某一事业而痴迷留恋、锲而不舍、不达目的绝不肯轻易罢休的心态。它既不同于自信心，建立在对自己和异己力量相互评估的基础之上；也不同于好胜心，建立在以他人的成就、才干、水平等诸项或某项指标为自己赶超目标的基础之上；它从某种程度上具有自己所独有的内涵。孔子的“发愤忘食，乐以忘忧，不知老之将至”以及毛泽东的“不到长城非好汉”所反应的都是这一心态。作为意志品质的又一基石，事业心的作用是难以估量的。

被称为“发明大王”的爱迪生的一生，就是以事业为第一生命、发愤忘我的一生。爱迪生享年 84 岁，一生的发明竟有 2000 种左右，平均每 75 天就有一种发明。他仅上过 3 个月的学，却选择了通向科学顶峰的路。从童年去火车上卖报的时候起，到心脏停止跳动为止，爱迪生把自己的整个身心和精力都献给了科学研究事业，即使到了晚年，照样坚持“一天两班”。正是这种事业心，鼓舞和激励着爱迪生顽强劳动，刻苦钻研，克服了数不清的困难，他在以自己的发明创造造福于人类的同时，为人类留下了更为珍贵的精神财富，这就是人的意志品质、人的事业心。在阿基米德、哥白尼、伽利略、牛顿、居里夫人、爱因斯坦等一切为人类做出过贡献的人们身上，都可以看到事业心的作用。

4. 自制力

自制力是人们为了达到某一项目标而自觉地控制和协调自己的情绪、约束自己的言行的品质。古希腊所推崇的四大美德，就有一条是节制。孔子的“仁、义、礼、智、信”和“非礼勿视，非礼勿听，非礼勿言，非礼勿动”，以及“君君、臣臣、父父、子子”，“温、良、恭、俭、让”一整套学说，几乎谈的都是自制力的内容。孔子说：“克己复礼为仁。一曰克己复礼，天下归仁焉。”孔子是从伦理道德的角度去谈应从属于意志品质的自制精神的。其实，人的自制力在更多方面适合人的意志品质、同人的理想奋斗精神联系在一起的。同时，它也同人的涵养、人的礼仪风度、人的人让精神和克己精神、人的忍辱负重行为联系在一起。

越王勾践“卧薪尝胆”的故事，反映了他极为罕见的自制力，为历代所称道。尤其是在第二次世界大战中失败的日本更是常常运用这一故事，以激发国民精神，求得日本的复兴。韩信的“胯下之辱”，张良的“下桥拾履”，都是自制力的表现。

自制力反映了意志的抑制能力。它是人应有的一种忍耐性，能使自己排除干扰和各种诱惑坚决执行既定的方案。自制力强的人，情绪一般比较稳定，能够自己战胜消极和冲动的行为，冷静地处理问题，在胜利面前不骄傲，在失败面前不气馁。

“心欲小而胆越大，行欲方而智欲圆。”自制力是坚强的意志品质中不可或缺的环节，它是强者的象征、人格成熟的标志。

二、意志品质的锻炼与培养

坚强的意志，良好的意志品质，不是天生的，而是教育、实践的产物。培养青年学生的坚强意志，是教育工作者的重要任务之一。而意志努力的成果及其社会价值，取决于多种因素，其中最主要的是它的指向性，即取决于意志努力的方向。不少意志坚强的人，由于其指向性的不正确，或者完全错误，而成效甚微或者作用相反，这是我们培养学生的意志品质时，应引以为戒的。

培养意志的原则和途径有以下几个方面：

1. 树立辩证唯物主义的世界观

世界观是一致行动的强大的力量源泉。正确的动机和目的及其付诸实践，是以科学的世界观为基础的。只有确立了辩证唯物主义世界观，共产主义人生观，具有坚定的马克思主义新年的人，才能有正确的动机、远大的目标、果断的行动，才能通过巨大的意志努力，产生良好的社会效果。科学的世界观是一个人意志行动的强大动力，是培养良好意志品质的思想基础，所以，树立辩证唯物主义世界观是培养意志的根本原则或措施。

在树立辩证唯物主义世界观的过程中，要和社会上的不良影响做斗争。由于不正之风的影响，不健康的思想将会侵蚀我们，以致产生偏离正确动机、目的和手段的杂念。例如：贪图安逸的生活、分外的待遇、廉价的荣誉、营私的特权等，这些不健康的诱惑，会侵袭我们的世界观，会动摇我们的意志，必须警惕并与之斗争。战而胜之，才能真正确立辩证唯物主义的世界观。

2. 引导青年学生参加各种社会实践活动

“宝剑锋从磨砺出，梅花香自苦寒来”，坚强的意志是靠实践磨炼出来的；离开了实践活动，就谈不上什么意志锻炼，“攻城不怕坚，读书莫畏难，科学有险阻，苦战能过关”。要引导学生在“苦战”中锻炼意志。

青年学生最主要的实践活动是学习。通过教学是培养学生意志的主要途径。学习要有正确的目的，纯正的动机，在学习过程中，会遇到各种困难，教师在教学过程中，要严格要求学生，热情鼓励学生，鼓励学生勤奋学习，独立思考，知难而进，持之以恒，善始善终，在学习实践中锻炼意志。要引导青年学生积极地投身到社会实践中，在寒、暑假中主动地去参加社会实践活动，锻炼自己适应社会的能力，利用在现实社会中的种种机遇，培养自己不怕困难的精神，磨炼自己的意志品质。

集体活动是锻炼意志的摇篮。在集体活动中，培养学生集体利益以高于一切的集体主义思想，自觉地约束自己的行为，逐步形成自制、刚毅、勇敢、坚定、果断等意志品质。

体育活动是锻炼意志的重要手段。为了准备参与社会实践增进健康，增强体质，克服生理上、心理上的困难，可以培养学生勇敢、顽强、机智、忍耐以及正确的、鲜明的目的性等意志品质。总之，应当随时随地，通过各种实践活动来不断锻炼学生的意志。

3. 提供良好的榜样

学生善于模仿。他们仰慕英雄、模范、著名的学者、伟大的科学家、思想家。有时，他们也有盲目地模仿那些反面人物的行为。所以，教师在进行意志锻炼教育时，一方面要端正和提高学习的“英雄观”，同时要为学生提供良好的榜样，还要为学生创设模仿良好榜样的情境，为他们提供条件实践、对比，找出自己的差距，明确自己的努力方向。有人说，青年学生头脑中能装上十几个、几十个英雄形象，将爆发强大的、无可比拟的精神力量。这应该是有道理的。一般的思想品德教育是如此，意志品质教育也是如此。

4. 掌握科学知识，懂得锻炼方法

认识是意志的基础，不仅在确定目的、制定计划、克服困难等环节上，都需要足够丰富的科学知识，而且在锻炼意志的过程中，对锻炼意志本身也要有足够的科学知识，掌握自身的规律。根据科学的方法去锻炼，才能有效。有些学生上进心切、急躁、盲动、期望一个晚上就成为意志坚强的人，或者采取盲目蛮干、有损于健康的做法，应当及时发现和纠正，否则，将获得相反的效果，违背锻炼意志的愿望。

5. 严格要求，遵守纪律

严于律己，不仅是良好的思想品德，而且也是锻炼意志、加强自我修养的重要方法。严守纪律，刚直不阿，不畏权势，不徇私情，经常进行自我检查，自我评价，自我教育，有助于发扬优点，克服缺点，逐步增强意志力。古人的“吾日三省吾身”，不仅是思想修养的良好传统，也是意志培养的方法，应当继承和发扬。

养成良好的习惯，进行有秩序的生活、学习和工作，是锻炼意志的重要条件。被动应付或随心所欲、心血来潮，爱干什么就干什么等生活学习的随和性和无序性要坚决克服和预防。教师要引导学生学会制定自我锻炼的计划，包括良好习惯的形成和培养，使生活、学习有序化。

第六章

从自卑到自信

根据青年学生身心发展规律，采取相应的教育方法，重视学生的个性发展，调动学生的学习主动性、积极性，是学校思想政治教育工作中的一贯注重的问题，尤其是当今我国改革开放正在向全面深入进行的关键时期，在互联网信息技术使世界地球村已经变得越来越小的背景下，竞争的压力会越来越大，竞争机制的作用也会越来越明显。适者生存，优势劣汰也必将成为大势所趋，因此，我们必须注意其中可能会产生的消极情绪，注意由此在青年学生中可能产生的消极心理情绪。教育落后者、失败者在困境中崛起，树立自信心也就成为高校教育的一大课题。

当前，大学生由于受到各种环境因素和自身心理因素的影响，也难免存在一些消极的自卑心理。这种消极的心理在很大程度上影响了同学们的情绪和学习的积极性，有的会丧失信心，甚至会产生消极对待自己的态度并由此产生对前途的无望和绝望。我们知道，人类最大的敌人就是自我，战胜自我就能超越，走向成功。而战胜自我的关键需要有很强的勇气和自信心。在促成成功的所有因素中，自信是起决定作用的因素和动力。为此，就必须要克服自卑心理，提高自信，走出人生低谷，重树自我，并付出更大的努力。

第一节　自卑心理

人的心理是人类社会实践的产物，与动物的心理有着本质的区别。它是人脑的机能，是客观事物及他们之间的联系在人脑中的反映，是人的感觉、知觉、记忆、思维、情感、意志、气质、性格和能力等心理现象的总称。人的心理现象一般可分为心理过程和个性两个方面。心理过程包括人们对客观事物的认识及在认识过程中表现出来的态度、性格、能力等，它反映了一个人的基本精神面貌和意识倾向，集中体现了一个人的心理活动的特殊性。如：有的人善于观察，长于分析和思考；有的人性情温和；有的人脾气暴躁，由此形成了气质上的不同表现；有的人大胆勇敢，有的人胆小怯弱；有的人学习认真、细致；有的人行事粗枝大叶，从而形成性格的差异。其中，自卑也属于上述当中的一种消极心理现象。

所谓自卑心理，是指个人由于生理、心理或其他方面如家庭、工作方面、学习方面、政治方面的某些欠缺，有时是自以为的缺陷，而产生的轻视自己、看不起自己，认为无法赶上别人的一种消极心理状态。自卑感往往使人缺乏自信心、孤独、悲观，特别当受到周围人们的嘲弄或侮辱时，有时会以变态形式如暴怒、嫉妒、自暴自弃等形式表现出来，严重的还会导致轻生，对学习、工作、生活、人生产生极大的消极影响。例如有这样一件事：有一位作家看到两位年轻的女性在一起，一个长得非常漂亮，身材匀称面条；另一位相貌平平、身材条件也算一般。然而，不知怎的，作家总觉得那个相貌平平的女性要比那个美丽漂亮的女性有魅力得多。因为前者举止大方自然，情绪开朗乐观，言语得体并富于感染力；而后者却拘谨畏缩，情绪阴郁烦躁，言语平淡无味。这个现象引起了作家的好奇，他找了机会分别和这两位姑娘交谈了一番。结果发现，这个美丽的姑娘小时候在家不被父母尊重，在学校常常受到老师的否定，上班又常常遭受领导的批评，因此，她一直处于一种自卑的人生状态中。而那位有魅力的女性，成长于一个民主、乐观、幸福的家庭，父母常常教给她对付困难和解决问题的方法，从而使她能建立起人生的一种非常可贵的品质，对自己处处是充满信心。魅力上的差异，背后本质上其实就是自卑和自信两种心理上的差异。可见，自卑心理对一个人的影响之广、之深。那么，这种消极的心理又是如何产生的呢？

第二节　自卑心理产生的原因

从心理学原理看，人的心理是一种意识现象，是人们对客观现实的反映。人的个性不是生来就有的，而是后天形成的。它的形成和发展受着先天因素、后天因素和社会因素的影响。事实上，人的心理和个性的形成和发展是在人同客观现实的相互作用中实现的，是“环境造就了人”。因此，人的自卑心理的产生原因也是比较复杂的。具体体现如下：

一、先天因素

唯物主义者从不讳言生物因素对个性的作用。其中某些因素是先天起作用的，比如遗传因素。西方心理学家为此曾做过这样的探索，采用同卵细胞受精发育成的双胞胎（或多胞胎），他们的遗传特征被人们认为一样的。把同卵双生子的行为的一致程度，和非同卵兄弟姊妹的行为一致行程度进行比较，可以看出遗传因素对行为的作用，他们在婴儿时就可以发现，同卵双生子的行为反应接近。另有资料标明，对几岁大的婴儿的内向外向型的观察，待他们长大后，内向型仍表现为内向，外向型的仍表现为外向。

人的遗传因素的表现之一，是人的高级神经活动的类型特点。高级神经活动是神经系统的高级部位的活动，主要是大脑皮层的活动。它的主要过程是兴奋和抑制，以及兴奋和抑制的相互作用。这种作用的强度、平衡性、转换灵活性等方面都是有个性差异的。根据每个人身上的这些特征的不同组合，可以把人分成若干高级神经活动类型。各个人的高级神经类型特征，会对其个性有一定影响。因此，作为个性心理活动特征之一的自卑心理也有一定的先天性因素在起作用。

当然，承认先天性生物遗传因素对个人的个性心理特征的影响，并非是说个性心理就是由它决定。相反，对个性心理形成起决定作用的是社会因素。

二、社会因素

马克思曾指出，人除了具有自然属性，还具有社会属性，且人的本质属性是社会性。认识社会人，人的各种心理都是对社会现象的不同反映，因此，自卑心理的产生也有其深刻的社会原因。

1. 家庭环境

家庭环境是一个人个性特征产生的最早、最直接的因素，人从很小的时候起就受着家庭环境的深刻影响。在旧社会，地主、老财主的孩子就容易滋生好逸恶劳、贪图享受的禀性；贫困人家的孩子就容易形成勤劳节俭、吃苦耐劳的精神。美国社会十分崇尚个性独立的精神，那里的孩子成长到 18 周岁，就以继续接受父母的生活供养为耻。这种环境，造成了美国青年普遍具有自食其力的观念。而我国由于传统伦理的影响，强调血缘维系，以致我国不少青少年对父母有依赖的心理。因此，家庭环境对个体的心理特征有着直接的作用。特别是父母对子女的教育方式或影响至关重要。如果父母亲常用启发式教育、鼓励子女，将有利于子女形成很强烈的自信心。如果父母望子成龙、望女成凤心切，而对孩子过于苛求，常用一种压抑式、惩罚式、泄气型教育方式，并且过于重视考试分数，把孩子的学习成绩同自尊心联系在一起，就会造成对孩子的片面性影响，容易使孩子形成自我意识的片面性，将不利于孩子的心理的健康发展。在这种环境下成长起来的孩子，容易形成自卑心理。再者，家庭的经济地位、社会地位如果高于一般家庭，为子女能创造优厚的生活、学习条件，对子女容易形成自豪感；反之，如果家庭的经济地位、社会地位较低，也会是子女产生处处低人一等的感觉，容易产生自卑感。

大学生一般都远离父母外出学习，手中也有一定的“流动资金”，并且绝大多数家庭都尽力满足同学们的需要，特别是家庭经济条件好的学生，手头的零花钱较多，常外出吃喝玩乐、用钱自如，尤其是有些干部子女，他们不仅在经济上充裕，而且在气势上也常常高人一头，谈及父母总是津津乐道，殊不知这些表情却无意间上刺伤了那些无钱无势的同学。那些经济上贫寒、社会上无地位的家庭出身的同学常常感觉到自愧不如，从而使他们怯于与人交往，甚至孤僻、压抑甚至自我封闭，自卑心理潜滋暗长。

2. 邻里关系

这里的邻里关系可以是家庭邻里，也可以是学习和工作上的邻里关系。和谐的、协调的邻里关系将给人带来愉悦舒适的生活、学习、工作环境，容易使人产生一种互相帮助、相互促进、积极向上的心理特征；而僵化的邻里关系常使人处于一种冷嘲热讽、冷若冰霜的环境中，使人成功了得不到赞扬，而失败了则会成为笑料。这种环境常使人压抑、焦虑，容易产生一种回避、逃避现实的心理，自卑心理也油然而生。人们常说："近朱者赤，近墨者黑"，就道出了环境对人的个性的作用。"孟母三迁"说的也是门子的母亲为避免邻居可能带给她孩子不良影响而意在搬家的故事。

3. 个体在群体中的地位及其变化

个体在群体中所处的地位不同及其变化，也容易导致个体心理上的差异。如家中年龄最大的孩子，由于父母要求教严，他（她）需要或多或少地对幼小的弟妹加以照顾和忍让而逐渐养成"老大"的性格，较富于独立性和宽容性；而家庭中的最小的孩子则由于长期处于受保护、受照顾的地位，容易养成娇惯、狭隘、懈怠的习性。大学生在人生旅途中已经走过将近四分之一的路程，经历了小学、中学、大学几个不同的群体，自己在各个群体中的地位也不是始终如一、一直不变的，有的人在小学、中学是班里的佼佼者，在班上也担任过"一官半职"，也曾经是个"统治者"，"统治"过人；而如今到了大学校园，同学们个个都是从四面八方经过层层选拔的"各路好手"，可以说是"高手云集"。因此，在现今这个"高手云集"的环境中，自己也就没有过去那种"鹤立鸡群"的感觉，甚至感觉现在自己也成了"被统治者"了。这种地位上的变化也容易导致心理上的变化，由过去的高人一头，变为矮人一头；由过去的技高一筹变为技不如人，因而一种自卑感也就随之而生。

4. 身体力上的缺陷

由于传统审美观念的影响，许多人都认为事情以完整为美，以协调为美，造成看一个人多以貌取人，并且重第一印象。对一个人美不美的判断是身材的高大与否，身材的匀称与否，五官端正与否，凡是身材瘦小的人皆被认为是病态，肥胖者被认为是笨手笨脚，而把五官的生相与人的命运相联系，对那些缺胳膊少腿的残疾人更是另眼相待，或背后指手画脚、评头论足，或以讥讽的语言取笑他们，或以模仿他们的方式来学他们。如此种种表情和行为都不同程度地刺伤了这些同学的心灵。他们本来就很难过的心情再加上来自外界的压力，对他们忧伤的心灵是雪上加霜，从而使他们变得更加冰冷、失望，增加了他们自卑的程度。

能力上的差异也容易导致心灵上的失衡。人总是社会的人，人立足于这个社会总是凭借其适应社会的各种能力。因而，一个人某些方面的能力欠缺或稍差就可能被社会所歧视，再加上自己的不正确的比较方法，只看到别人的长处和自己的短处，看不到人家的不足和自己的长处，总是拿自己的短处和别人的长处相比，进而缺乏进取心，缺少自信。如在跳舞方面这种自卑心理就很容易发现：看到人家在翩翩起舞，自己就自愧不如，当人家邀请时总是以借口回避或拒绝，更谈不上有勇气去邀请人家跳舞了，生怕一跳就露出自己不会跳舞的“马脚”而被人笑话，因而逐渐与群体生活疏远，久而久之，便使自己常孤立于群体之外，一种技不如人的自卑心理也随之而产生。特别是在当代大学生中，能力上较中学时代要强得多，琴棋书画、吹拉弹唱、能歌能舞，是人才济济、人才辈出，在这样的高素质人群中当中，稍有某些能力方面的欠缺，往往就有相形见绌之感，产生强大的心理压力，尤其是来自农村的或文化欠发达地区的学生，他们在文化娱乐方面的能力不如来自城里的和文化发达地区的同学，也容易产生一种心理的扭曲现象。有的虽然考上了现在的大学，但却不是自己理想的目标，从而在回想中学时代好多同学都考取了较好的院校时，一种无名的自卑情绪就会悄然产生。

5. 传统的教育方式

自从我国古代有了科举考试制度以来，就产生了只有考试成绩才能说明一切的陈旧观念。一张考卷定终生，成则为仕，败则为民。从而一种重考试成绩轻素质教育的教育方式沿袭至今，如果考试成绩不理想或不合格，就被认为是“朽木不可雕也”，“金石不可镂也”，进而对这些同学是冷眼相待，甚至是挖苦、讥讽，严重挫伤他们年轻的心灵，刺激了他们的自卑心理。

6. 市场因素的影响

市场经济本质上是一种竞争型的经济，竞争是无情的、不讲情面的：物竞天择、适者生存。在市场经济中，只要有一技之长就有立足之地。但由于我国传统的计划经济体制的影响，人们都存在有一种求稳、求安、求静的思想，大学生希望包分配，拥有铁饭碗、铁工资的传统依然存在，加之当前我国经济体制改革正在向纵深发展，市场体制不断健全和完善，他们在心理上一下子难以接受这种激烈的竞争市场带来的挑战；他们畏惧不前、惧怕竞争，再加上目前用人机制上还没有跟上时代的要求，存在着任人唯亲的现象，不能真正体现“公开、平等、竞争、择优”的用人原则，因而，就使得那些能力上本来就不太出众，社会上又无依无靠的同学会产生对前途无望的心理，自卑心理更加浓烈。当然，自卑心理也是一种复杂的心理体验，产生的原因也是复杂多变的。

第三节　青年学生自卑的类型

人的复杂心理都是产生于复杂的社会环境，自卑心理也不例外。根据自卑心理产生的主要原因，可以把当前青年学生的自卑心理划分为几种不同类型。

一、从产生的根源看，有先天型的自卑和后天型的自卑

先天型的自卑主要是由于遗传等因素造成的心理上的不足而形成的。后天型的自卑主要是由于后天所处的复杂的社会环境原因所造成的自卑心理。如家庭环境的影响、邻里环境的影响、学校教育方式的影响、传统审美观念的影响、不正确的比较方法的影响、市场因素的影响等因素所造成的自卑心理。

二、从显露的程度看，有裸露式的自卑感和潜意识的自卑

裸露式的自卑是指在任何时候、任何场合下，干任何事情都缺乏自信和勇气，表现为“做一天和尚撞一天钟”，一切皆顺水推舟，与世无争、庸庸碌碌、不思进取、自暴自弃。而潜意识的自卑是一种隐藏较深的自卑心理，从表面上看难以发现存有自卑，在一般情况下做事情有一定的积极性，但在关键时刻他们缺少勇气。这些同学都比较敏捷，做事比较圆滑，一旦遇到他们无能为力的事情，他们却能找到借口而推托。这些同学表面上在一定的群体中，但心灵深处却是个人世界，不能与群体真正相融，是“人在曹营心在汉”，有时他们参加了某种活动要么优柔寡断，要么犹豫不决，要么是内心后悔不已。

三、从表现的连续状态看，有完全自卑和间歇性自卑

完全自卑是指在任何情况和场合下，干任何事情都表现出一蹶不振；无论是在学校还是在家庭都是独来独往，他们不善于与人交流，不善于与人交往。间歇性自卑的同学表现为心理状态不太稳定，高兴时兴高采烈，积极参与，甚至通宵达旦也

未尝不可。而遇到比他能力高强的同学时，心情就一下子暗淡下来，像七月的天气，说变就变，是多云天气，情绪低落、自惭形秽。

四、从表现形式看，有害羞型、不安型、胆怯型、内疚型、优柔寡断型、失望型

自卑的同学一般有以下几种表现：他们遇到陌生人交谈时难以启齿；遇到一群人或不相识的人时感到紧张，不敢自告奋勇地做自我介绍和大声说话；做事总是缩手缩脚、优柔寡断，总是因担心可能的失败而避免尝试一种新的方法；与人交往时总是感到不被重视；他们处理不好复杂的人际关系；常常暗自将自己和别人比较而感到自愧不如；在偶然的失利时总是整天闷闷不乐，常嫉妒别人的成功；别人成功时不是真心赞扬；不敢正视别人对自己的恭维；不敢承认自己的主要缺点，对别人的批评常常耿耿于怀；并常幻想如何去应付那些曾经伤害过自己的人。

自卑是阻碍前进的大敌，是走向成功的绊脚石。它犹如一位腐蚀剂，麻醉人的神经，瓦解人的斗志，让人不战自溃，无心进取。因此，当代青年要想成为祖国未来的栋梁，在青年时代就应该正确地对待自己，超越自己，走向自信。相信我们每个人都是自己命运的舵手，自信是指引人生小舟航向的罗盘。人生的成败得失、幸福与否，关键在自信。然而，自信也并非是一种与生俱来的品性，它需要靠我们自己努力去培养。要相信，人的性格、品性是可塑的。正如古印度有句名言："播种行为，收获习惯；播种习惯，收获性格；播种性格，收获命运。"想要超越自卑、走向自信吗？主动权就在你手里！

第四节　从自卑到自信

从自卑到自信不是一蹴而就、想办就能办到的事情，这需要我们的教育方式、学校环境和社会环境作相应的调整和改革，需要同学们自己付出艰辛的努力，并且关键就是自己的努力。

一、营造良好的育人环境，采用科学的教育方法，帮助自卑的同学迅速走向自信

1. 摆正师生关系，注重情感教育

在思想政治教育工作中，教育者对被教育者应采取平等的态度，不要以势压人，不要都动不动就板起面孔训人，正像毛泽东同志在谈到军队政治工作时所说："很多人对官兵关系、军民关系弄不好，以为是方法不对，我总告诉他们是根本态度问题。这一态度是尊重士兵、尊重人民，从这种态度出发，于是有各种政策、方法、方式，离开了这种态、政策方法，方式也是错的，官兵之间、军民之间的关系决然弄不好的。"所以，学校教育学生也应多采取些说服，少来些压服，更不能重复中国古代那种顶礼膜拜的做法，而应注重对学生的情感投入，摆正师生关系。

情感是人类普遍存在的一种心理活动，它具有动机的作用、调解的作用和信号的作用。教师如果对这些受过挫折的学生注重情感的投入和教育，首先能达到师生之间情感的沟通，排除情感的障碍，使信号渠道畅通。其次，良好的情感，能融洽心理氛围，也为受教育者的消极态度的改变提供了良好的心理基础，会引发他们重新振作起来的动机，树立自信。如果对他们不尊重、不理解、不关心，摆出一副师爷的面孔，你训他听，只能使学生"敬而生畏、畏而远之"，最终达不到预期的教育目

的。最后，注重情感教育和投入，还能消除那些存在逆反心理和自卑心理的“双差”学生的心理接受机制上的障碍。情感教育具有明显的冲击力、溶化力，把他们从思想的迷雾中带出，使他们感到“山重水复疑无路，柳暗花明又一村”，使他们能正确地认识到自己并非是被抛弃的对象，从而能正确的面对现实，有利于增强自信心。

2. 合理使用批评与表扬机制

表扬激励与批评教育相结合，既是思想政治工作的一个基本方法，也是实施管理的一个基本手段，在实际工作中，要科学、合理地使用这两种方法，才能使思想政治教育工作收到良好的效果。每个人在人生道路上都有顺利和成功的时候，也有受到挫折和失败的时候。在顺利和成功时得到表扬可以促使其再接再厉，也有的会导致骄傲自满的倾向。在受到挫折或失败之后，予以批评可促使其痛改前非，也有的可导致心灰意冷，走向消极。所以，要合理使用好这两种激励机制。

在人生遭遇挫折或失败时，最容易丧失信心，而此时也容易遇到冷面的态度和严肃地批评，对其心理压力无疑是雪上加霜。常言道：“人无完人，金无足赤。”所以，对待学生所犯的错误要采取正确的态度和教育方法，而不能一味地采取批评方法。作为教育工作者，一定要有“忍”性。“忍”性是一种修养，也是一种处世之道。俗话说：“忍一忍海阔天空。”对待青年学生所犯的错误要分析原因，要看准机会和条件，加以批评和教育。过多的批评会阻断学生与教育者之间的情感交流，更何况，学生犯错后，第一感觉就是要受到教师的批评和处分，于是他们便采取了应急措施，要么紧闭牙关，紧锁心扉，只字不讲；要么捏造事实，全部掩盖。有的为了逃避批评和处分而离家出走，更有甚者走上轻生的道路。如果教育者能“忍”一时，待风平浪静时找他们谈心，让他们有思过的余地，就可以缓解矛盾，减少心理压力，增强承认错误的勇气和改过的自信心。同时，在批评时要能指点迷津，即帮助他们寻找改过的途径和方法，这也正是青年学生情感上所迫切需要的。然而，这种情感需求并非都能获得满足，究其原因，正是批评方式的滥用，使得教师的"传道、授业、解惑"失去了情感的需求，甚至与其意向相违背，也常常会引起诸如憎恨、自卑等心理体验，不利于增强青年学生的自信心。

不仅如此，批评机制最大的缺点在于它忽视了当代大学生的心理特点。青年学生阶段正是人的一生中的最关键而又最富于特色的时期。由于年龄的和社会的因素，他们的心理具有过渡性、动荡性的特点，他们的思维单纯，很少保守，他们也有很强的自尊心，特别是随着市场经济的日趋活跃与繁荣，价值观念多元化甚至对立，他们在人生观的树立过程中，必然会面临越来越多的思考和选择。这样的特殊环境，对青年学生来说是复杂而艰难的，如果对他们一味地采取批评方式来达到教育和引导青年学生正确树立人生观和价值观，就难免显得过于简单和盲目了。因为，许多事实证明，如果一味地批评，就会常常使他们意志衰退，成绩落后，缺乏自信等状态得不到改变，反而容易使他们产生抵触情绪，形成"逆反"心理，教育者的工作也会因此而陷于被动。

适当的表扬，比一味地批评更能提高同学们的求学和上进的热情。事实上，我们在日常生活中所讲的"差生"并非没有一点优点，一无是处。大多数为情况下，他们只是成绩上稍稍不如别人或自制力稍差一些。如果我们在教育中能够抓住他们闪光的地方并及时给予表扬和肯定，能满足他们对荣誉的需求，就能使他们感到在某些方面得到了自我的实现，有利于他们振奋精神，战胜其消极的因素，增强他们的自信心。其实，这种满足和需求，也是正常人都需要的高层次需求，与物质需求一样非常重要，尤其对某些方面有些欠缺的学生，更需要这种鼓励和激励。

当然，在实际工作中，要正确处理好批评与表扬的关系，正如我们反对在工作中对学生一味地批评一样，我们也要反对盲目地采取表扬的方法，要在实事求是的分析和评判的基础上，坚持尊重个性的原则，以弃恶从善、诱发兴趣为目的，进行批评和表扬，针对不同个性的对象、不同事情、不同的动机，可采取多种方式并用的形式，综合进行。即既可以“先抑后扬”，也可以“先扬后抑”，还可以灵活运用多种方式，达到教育引导的目标。

3. 结合实际，采取有效的锻炼方法，增强自信心

要达到解决人们思想、提高人们认识的目的，就必须有科学的方法和高超的艺术。没有方法，目标和任务就无法实现。毛泽东同志曾有过这样一个形象的比喻。他说：“我们不但要提出任务，而且要解决完成任务的方法问题。我们的任务是过河，但是没有桥或没有船就不能过。不解决桥和船的问题，过河就是一句空话。不解决方法问题，任务也只是瞎说一顿。”[1] 因此，我们在对待学生的自卑、失去信心后的教育更应该讲究方法，尽快使他们振作起来，树立自信心，在实际的工作中，我们可以采取以下几种具体方法：

(1) 运用演讲法去增强自信心。演讲可以锻炼人们的语言表达能力、思维能力，也能锻炼人们的气魄，也会使人们在行动上为实现演讲中所提及的目标去努力，从而增强自信心。根

〔1〕《毛泽东选集》(第2版)(第1卷)，人民出版社1991年版，第125页。

据行为科学理论，一个人对自我丧失了自信，垂头丧气，沮丧抑郁，必然产生一种厌恶和否定自己的“自卑情绪”。克服这种不良情绪，可通过赞美自己的优点和长处的演讲方法，鼓励自己在人生道路上勇往直前，勇敢奋斗，对未来充满信心和希望，以塑造出全新的自我形象。我们每天可让学生在课前花两三分钟的时间进行演讲，简洁地描述自己的天赋和能力，自己一定时间内的成绩和目标，以此来提高学生的自信心和心理训练。在演讲时，可让学生多些积极的语句，如“我是有能力的人”，“我在某些方面有特长、爱好”，“我最近的成绩与进步”，“天生我材必有用”，“我是生命的主人”等词语来激励学生，以进一步激发学生的自信心。

（2）运用环境转换法来加强自信。马克思主义关于人的本质论认为，人的本质属性是社会属性，人的本质是一切社会生产关系的总和。因此，在实际的工作中，我们不能抽象地、鼓励地、单纯地、绝对地谈论一个人价值的大小。思想政治教育工作应考虑环境影响，因为人总是生活在一定的环境中，人的思想、行为的形成变化和发展无时不在受环境的影响。同一个人在两个不同的环境里，其所处的地位不同，与其他人关系的性质不同，就会产生质的差异。因此，我们应为那些自信心不足的同学找到他们自己才能的“最佳表现场”，寻找和创造那些能最大程度激发自我才华和实现自我价值的环境领域，使他们有“用武之地”。如根据他们的意愿调整教室内的座位或转向同专业的平行班级，或配以合适的老师，或多举办些有益的活动使他们能发挥自己的特长，或让他们参加班级或学校的有关组织。总之，新环境可以带来新的心境，使他们更积极主动地发展和表现自我，增强自信心。

（3）体育锻炼法。许多自卑者都感到自己一无是处，丧失斗志，随着就是惰性增强。为此，心理学上有个“六点半疗法”。它要求自卑者早晨六点半准时起床，去迎接生机勃勃的早晨，使之在某种程度上开始正常生活，并用简单的方法参加了实践。体育锻炼，可以振奋人们的精神，改变血液中激素的含量，从而改善精神健康状况和自主神经系统功能。另外，锻炼时所做的动作可以给人一种成就感和优胜感，进而可以减少自卑、抑郁等因素，加强自信、安定等性格因素的成长，可以使人的意志变得勇敢、坚强、果断，并产生舒服、积极等良好情绪。

二、超越自卑，走向自信，关键在于同学们自己

唯物辩证法认为，事物变化发展的根本原因在于事物的内心，内因是事物变化发展的根据，辩证的否定是事物的自我否定。因此，我们能否超越自卑，战胜自我，决定了成功与否。要实现这种超越，可以从以下几个方面着手：

1. 超越自卑，首先要正确地认识自己和评价自己

“尺有所短寸有所长”，每个人都既有缺点又有优点。自卑者要学会正确看待自己的优点和长处。只有认识到自己的优点和长处并尽力去发挥，才会得到别人的青睐和欣赏，自信心也才能在发挥自己优势和特长的过程中逐渐形成。因此，要想走出平庸和人自卑，首先要肯定自己，才会逐渐走出自卑的怪圈。

2. 超越自卑，要扎根于现实的土壤，确立合适的奋斗目标

如果你一向不善言谈，而期望自己明天就在辩论会上成为一个口舌如簧的雄辩家；如果你生性腼腆，却期望自己在周末的文艺晚会上一鸣惊人，那你注定要饱尝受挫的滋味。小说《人生》中的高加林是一个地道的农民的儿子，从没有去过大城市，但他却瞧不起农村，中学时就为自己立下了“去联合国工

作”的目标。高中毕业后，由于没能考上大学，他一心想脱离黄土地做城市人的梦想破灭了，可他仍然不甘心，一会想干这，一会想干那，终无成就，最后他不得不孑然一身，回到令他痛苦的黄土地。因此，只有制定出适合自己的目标，才能有利于实现，而目标不分大小，只要完整地实现了，总给人一种愉悦、成就感，这对改变自卑心理大有裨益。凭一次小小的成功，最终定会战胜自我，走向自信。

3. 超越自卑，还要学会科学的比较

自卑的同学老喜欢把自己和别人比较，这本来无可厚非，但关键是要学会掌握正确的比较方法，确立合适的参照系。习惯于用自己的缺点和别人的优点比，以自己的不足和别人之长比，肯定会只长他人志气，灭自己威风，最终落尽自卑的泥潭，失去前进的动力。有句谚语说得好：“自卑是潮湿的火柴，永远也燃不起成功的火焰。”当然，也不能从一个极端走向另一个极端，老是用自己的长处去比别人的短处，这样容易唯我独尊、沾沾自喜，产生自己总比别人高的错觉，进而表现为洋洋自得、不可一世。这两种比较都是阻碍成功的大敌，需要我们在成长的过程中予以重视。做到既不要因与他人比较而丧失自信，也不要因此而沾沾自喜。通过科学的比较，发现自己的长处，明了自身的欠缺与不足，逼出信心，比出勇气，为自己的成功增添动力。

4. 超越自卑，就要根据自己的欠缺与不足，有意识地加以改进，努力使自己成为一个全面发展的人

大凡在事业上做出突出成绩的人，在这方面都是做得很好的。日本前首相田中角荣天资聪明，但中学时患上口吃的毛病，给他带来巨大的苦恼，他因此变得自卑、羞怯和孤僻。有一次上课，他的同桌捣乱，教师误认为是田中干的，当田中起来辩

解时，竟面红耳赤，说不清楚，老师更加认为是他做错了又不承认，别的同学也嘲笑他。这件事情给田中刺激很大。他回到家，分析自己口吃的原因还是源于个人的自卑。从此，他时时鼓励自己在公众场合发言，主动要求参加话剧演出，并经常练习，终于克服了口吃毛病，为他走上职业政治家的道路奠定了基础。

清醒地认识自己，保持一分不满足感，别把时间浪费在自卑的嗟叹中，而是致力于完善自我，不断前进，这样，我们就会感到：自卑并非不可战胜。

第七章

学习活动心理与成才

第一节　学习活动心理分析

一、大学生学习活动概述

学习是大学生的第一位的任务，这种学习是在教师的指导下，自觉地掌握一定系统的基本观点、基本理论、基本科学知识、基本技能、培养品德、形成和发展能力的社会活动。

学习活动是大学生的首要活动。大学生的学习是在教师的指导下，围绕着如何全面地掌握系统的基本知识、技能和所学专业的基本知识、技能进行的课堂活动和必要的非课堂活动。大学生的学习活动极大地影响着他们的心理活动过程和心理特征的发展。

1. 大学生的学习活动特点

大学生对学习的自觉是学习活动的核心。学习活动一般要经过学习任务的明确，完成学习的行为及其效果的自我控制和自我评价的过程。整个学习活动有如下特点：

（1）专业性。大学生的学习实际上是一种专业学习（学习——职业活动）的社会活动。它既不同于以掌握知识为主要目的的中小学学习，也不同于以完成职业任务为目的的职业活动。它是围绕着使大中专学生如何尽快成为某一方面的专门人才组织和进行的学习－职业活动，它的方向是培养社会需要的专业人才。

（2）计划性。大学生的学习不同于中学学习，教师讲课时数少，要求学生掌握的学习内容多并且重，大学生自己安排学习的时间相对较多些。这些特点都要求他们在学习活动中一定要有计划性。计划性不强是青年学生不能顺利地进行学习活动的原因之一。计划性主要表现在合理安排时间、学习形式和学习内容，协调好课堂听课、课后自习和复习等学习环节，目的是如何有效地进行学习活动。

（3）自觉性。自觉性是与计划性相伴而生的一个特点，有计划性就应该同时有自觉性，而自觉性必须有计划性的指导方能顺利实现。教师指导性的教学多，指令性的要求少，大学生的学习活动主要是靠自己的自觉性学习。一年级的大学生不适应学校的学习生活，其主要的原因在于学习的计划行和自觉性不强。

（4）创造性。大学生在系统的学习活动中，随着基础知识、技能的不断输入，抽象思维能力的发展，在大学这种充满学术气愤的特殊环境下，逐渐萌生一种重新组合已知知识、从新的角度解释已知现象的冲动。表现在青年学生不断的试图将已知知识通过自己的理解的文字、符号、模式内化为自己的思想的学习心理倾向和试探性的学习—研究—创新活动中。

（5）广泛性。大学生在学习活动中，具有广泛的积极性，表现在他们有多种学习兴趣、想充分理解学习的意义、渴望了解学习活动的方式方法，希望教师尽可能有效地传授更多、更有益的知识和技能，积极地参加学习讨论，课余时间热情争论问题等。广泛性是对学习活动专业性的一个必要补充。

（6）高度的智力紧张。表现为大学的学习活动要求学生具备复杂、强烈、多层次的学习动机和个体化的比较一致的、灵活的心理定式。否则，青年学生将难以适应学校学习活动的复杂的内容和多样性的形式。

（7）自主性。大学生的学习虽然也要按照教师的要求进行，但是不像中学生那样绝大部分的时间是被动地完成教师布置的学习任务，而是具有相当程度的自主性。表现在自己制定学习计划、有选择地学习功课和阅读课外读物、有目的地收集和整理有关材料，从事一些研究性活动。

2. 大学生学习活动的主要形式

按照苏联学者和国内学者的观点，大学生的学习活动有四种主要形式：

（1）课堂活动。课堂活动是指由教学计划和各学科的教学大纲规定的大学生在课堂里的学习活动，这种活动主要在课程表中订出来，这种学习活动在各种情况下，都是在教师的指导下进行的。它包括讲课、实习、做实验、课堂作业及考试、课堂讨论、口试等等。这些作业都有教师评分，课堂活动是以教师作为主体的学习活动。

（2）非课堂而又必需的活动。非课堂而又必需的活动是指大学生在课堂之外的必需的学习活动。它是课堂作业的当然继续，课程表并不对此作规定。工作的方式和持续时间是根据青年学生自己的能力和具体的努力情况而定。教师不直接进行检查，但是由教师做效果分析和评分。而课堂教学的非课堂而又必需的活动是课堂活动的重要补充，它对青年学生研究创新能力的培养具有明显的作用。

(3) 非课堂活动。非课堂活动是指大学生课堂之外的学习活动。它首先是同大学生专门学习或打算专门学习的那些学科的深刻而全面的研究相联系的。它不在学习计划之内，但有助于青年学生开阔视野和加深对所学专业的知识的理解。非课堂活动有着鲜明的创造性和个体倾向性，青年学生总是按照自己的需求有选择地进行这种学习活动的，在这些活动中，包括创造性很强的自学活动和科学研究工作。当然它也应该由教师加以引导和修正。

(4) 相互启发的学习活动。同学互相讨论，也是大学生学习活动的一种主要形式。中学生的学习活动基本上是在教师的指导下进行的个体活动，这是由中学学习的内容和学习活动的形似决定的。大学生的学习活动由于学习内容的复杂性、抽象性、系统性、学习活动形式的多样性，加之大学院校这一特殊的环境提供的有利条件，使得青年学生自觉或不自觉的投身到相互探讨、相互启发的学习活动形式中去，青年学生在这种学习活动形式中，无意间获取了许多信息，开阔了思路，提高了思维能力。总之，它是一种提高青年学生学习质量和效率的极好的学习活动形式。

就目前大学生的实际情况来看，入学一、二年级的以课堂学习为主，但是非课堂的学习活动中以满足学生的个人兴趣为主的一般性活动也占相当的比重。这与我国大学生在中学读书不多、知之甚少有直接关系。青年学生这种兴趣型学习活动常常影响了他们集中精力去完成课堂活动的内容，致使部分学生考试成绩不理想。在大三、大四年级，非课堂活动日趋增多，课堂活动逐渐减少，这有助于青年学生在接受了系统的基础理论学习训练后，进行专业知识的学习研究，接触一些自己专业中的前沿问题，试探性地进行一些研究创新活动，为毕业后迅速地适应专业学习做准备。相互讨论、相互启发的学习活动，贯穿于整个学习活动中。

青年学生学习活动的这四种基本形式，对于他们全面能力的培养都是有益的，在可能的条件下，青年学生都应该充分予以重视。

第二节　学习动机的培养与激发

一、学习动机的心理因素

所谓学习动机，是指一个人学习活动内在的动力因素。它首先表现为学习的需要，这是社会对人的客观要求在学习者脑中的反映，它往往内化为个体学习的意向、愿望、兴趣等形式，对学习起推动作用。心理研究标明，学习动机有三方面的重要功能：第一，起指引方向的作用。在一定动机的激励下，指引主体向一定目标奋进，获得预期的效果。第二，集中注意力。在动机的推动下，排除来自各方面的干扰，克服困难，集中精力于所学的内容。第三，增添内驱力量，推动主动、积极的学习行动，达到向往的目标，实现自己的愿望。

青年学生学习动机的内容和行驶时多种多样的：有的出于兴趣、爱好和过去的形成的习惯；有的是认识到科学技术的发展对自己提出了更高的要求；有的是感到自己对祖国、对社会的责任；有的则是对某种信念和理想的追求。这些动机都可以形成一种动力，从而推动一个人去发奋学习。

一个人学习积极性的诱发，有时受动机驱使，有时是要达成某项预期目的。动机和目的也可以互相转化，在某一种情况下可能是学习动机的东西，在另一种情况下则可能是学习目的。同一种学习目的的人，可能有不同的动机。有的动机是个人的物质需求；有的则可能是社会性的理想和责任。动机相同的人，其目的也可能各异，有的要求达到的目的近些、小些；有的则希望目标远些、大些。如果学习者把学习目标看成是先于学习活动所期望的目标，那么则对意志行动起着极为重要的调节作用，目的越明确，就越容易形成达到目的的行动纲领；目的的社会意义越大，则这种目的所引起的毅力就越强，学习的热情和自觉性也会越高。

认知的兴趣是动机中最现实、最活跃的心理因素。所谓认知兴趣，就是一种求知欲望，是学习着渴望认识社会、认识自然、认识人体科学知识的强烈的求知欲望。

许多科学家、发明家取得伟大成就的一个重要原因，就是具有浓厚的认知兴趣和强烈的求知欲望。生物学家达尔文在自传中说："就我记得我在学校时期的性格来说，其中对我未来发生影响的，就是我有强烈而多样的兴趣，沉溺于自己感兴趣的东西，深喜于了解复杂的问题和事物。"据达尔文的父亲回忆，达尔文小的时候"是个平庸的孩子"，但由于热爱大自然，并以极大的热情从事学习，去采集标本和进行野外观察，因而对人类做出了重大的贡献。

认知的兴趣有直接兴趣和间接兴趣之分，直接兴趣是由学习内容和特点引起的兴趣。如学习内容新颖，教师讲解系统而又生动，就能引起听讲者的直接兴趣。间接兴趣与学习者的自觉程度密切相关。例如有的课程内容和讲解并不能引起学生的直接兴趣，但当学生意识到学习的目的和任务，感到必须学好功课的时候，就能够支配自己用心听讲，坚持学习，这就是间接兴趣。在学习中，两种兴趣都是必要的。缺乏直接兴趣就会使人有枯燥无味的感觉；没有间接兴趣可能丧失学习毅力。有的青年学生往往只凭直接兴趣去评论教学效果，而不是从学习目的、任务和袭击的学习态度去要求自己，这是一种应该注意矫正的倾向。学习态度端正，才能激励学习热情，产生学习积极性。

二、学习动机的培养与激发

学习动机的培养与激发既有区别又有联系。动机的培养是使学生把社会和教育的要求变为自己的学习需要的过程，而动机的激发则是把已经形成的学习需要调动起来，以提高学习的积极性。培养是激发的前提，而激发又进一步加强了已有的学习动机。有的措施兼有培养和激发的作用。这里主要讨论激发大学生学习动机的措施。

1. 理解学习的目的，有具体明确的学习目标

了解学习的社会意义并把社会的要求与个人的愿望联系起来，以便使社会的要求转化为本人内在的学习需求。

大学生有了正确的学习目的，要使这种潜在的学习需要成为积极的动机状态，还必须明确每节课具体的学习目的和知识的具体意义，懂得学习材料在知识体系中的地位以及在实践中的应用价值，并对学习效果进行自我检查。有了长远的学习目标，又有了明确的可行的具体目标，学习积极性就很快地被引发出来了。

2. 学习结果的反馈作用

大学生及时了解自己的学习结果，知道自己学习的进度成绩，可以提高学习热情，产生进一步学好的愿望。如果学习有了错误，通过学习反馈能及时了解自己的缺点和错误并能及时改正。关于学习结果反馈的积极效应，已经被许多实验所证明。

3. 适当参加竞赛活动

一般认为，竞赛是激发学习积极性和争取良好成绩的一种

有效的手段。在竞赛中，大学生自我提高的内驱力更加强烈，培养兴趣和克服困难的毅力均有所增强，因而多数人通过竞赛，学习成绩都有所提高。但竞赛也会产生消极影响。过多的竞赛，不仅没有激励作用，还会产生紧张气氛，加重心理负担，有损身心健康。有时，竞赛还可能会造成同学间的不友善和人际关系紧张。因此，残疾竞赛要慎重、适当。

第三节　智力因素的培养

发展青年学生的智力，不但要重视对每一因素的培养，而且还要重视诸因素的整体效应。

1. 锻炼观察力

观察力在诸因素中具有特殊的地位，它是智力的门户和源泉。大学生正处于打开科学大门的黄金时期，必须主动地培养自己的观察能力。大学生的一般观察力已经发展到比较成熟的水平。但是他们的社会观察力的发展比较薄弱，专业观察力的发展才刚刚开始，观察力正处于转化阶段。大学生为了拓宽知识面，需要广泛观察社会，涉足知识的各个领域；由于学科的专业性，又必须着重于某一领域进行观察活动。医学院的学生需要有目的的学会观察病人；文学院的学生为自己的创作需要，必须进行社会调查，有目的的观察其中的人和事。有了明确的任务去观察事物，注意力就能集中在有关的事物上，使知觉清晰、完整。

观察的计划性和条理性是保障观察成功的重要条件。观察按事物所具有的规律，从事物的多方面或某一方面，从局部到整体，进行系列的观察，才有可能获得完整的材料。

观察还需要有观察的持久性和精确性。小说家为了成功地塑造一个人物形象，只有进行长期的观察了解各种人物的思想、作风、性格、气质，才能达到提炼塑造的目的。理工科学生在进行某一项实验时，常常需要在实验室观察若干个小时甚至更长的时间进行反反复复的实验观察才能获得成功。凡此种种都需要观察者具有坚韧的毅力进行持久的观察，才能使观察结果精细准确，达到“去粗取精，去伪存真”的目的。

观察的理解性和概括性贯穿于整个观察过程。观察事物时，运用思维能力，调动已有的知识经验，参与当前感知，从而更加充实、全面、深刻的把握被观察事物的部分或整体特征，找出事物的规律，抓住本质，吸取有用的东西。

为了使我们的观察取得良好效果，必须主动地锻炼观察力，掌握适合自己特点的观察方法，培养自我观察的良好心理品质。

良好的心理品质主要包括：

（1）使自己的观察是“既见树木，又见森林”。既要善于观察事物的细节，又要善于观察事物的整体，从而找出事物的内在联系，通过概括把握事物发展的规律。

（2）养成观察时及时做记录的良好习惯。这可以保证在观察对象内容复杂、细节繁多、靠记忆力不可能更满足时能够做到有据可查。尽管观察对象内容简单，当时可能记住，但时间稍长，印象就会模糊。因此，做好观察笔记，可以保证材料的准确性。

（3）养成重复观察的良好习惯，可以避免由于疏忽、遗漏、片面造成的观察错误，从而保证所得材料的可靠性。

2. 注意掌握规律

注意力是智力活动必不可少的条件，没有注意力，外界信息就无法进入大脑，认识活动就无法发生。大学生要善于凝聚自己的专业学习，这需要培养自己的注意能力。

注意力本身并不是一种独立的心理活动过程，它是感知、记忆、思维等心理活动的一种共同特征。因此，大中专学生在进行学习活动时，不但要善于注意，而且更要善于在注意中进行思考。

注意的指向性和集中性能使人的心理活动有选择性地指向所要认识的客观事物，锲而不舍地深入到该事务中去，从而保证认识活动的顺利进行。大学生在学习活动中，要养成随时集中注意力的良好习惯，努力培养自己的意志力。有时专业理论知识可能是枯燥无味的，而某一非专业的领域内的知识则可能是很有吸引力的，这些都需要大中专学生自我意识的控制，克制自己专注于学习任务，达到完成任务的目的。注意力还要善于分配，如既要注意听课、记好笔记，又要有长时间的指向所从事活动的稳定主意，又要善于使注意按照自己的需要转移。总之，要善于了解自己注意力的特点，发扬优点，克服困难，培养自己良好的注意力。

3. 锻炼记忆力

记忆力是智力结构的支柱，是感知通向思维的桥梁。青年学生正是人生记忆力的最佳时期，要善于总结自己已有的记忆经验，有意识地进行锤炼，探索一套适合自己的特点的科学记忆方法，从而更进一步提高记忆力。

记忆的内容来源于个人所经历的事物，来源于思考过的问题和理论，它包括感知形象记忆、词汇——逻辑记忆，运动记忆和情绪记忆等。记忆是识记、保持和回忆的过程。在这一过程中，要训练瞬时记忆、短时记忆，更要训练长久记忆力。复习是减少遗忘的根本途径。学习后尽早复习，反复学习，可以收到事半功倍的效果。排出记忆内容先后顺利和不同内容交叉的干扰，是提高记忆效果的有效方法。

大学生在学习过程中还应注意培养注意力的集中，专心致志，做到识记快、准确，以提高记忆的敏捷性；复习和应用相结合，可使识记材料经久不忘，达到保持的长久。将识记过的材料有计划、有目的地加以分类，精密比较，区别异同，使材料没有被歪曲，符合实际，获得记忆的精确性，将已有材料的知识经验系统化并融会贯通，就能够迅速而准确地提取材料并加以应用。

我国古代有不少“过目不忘”的佳话。如汉末学者蔡邕的著作在兵荒马乱中散落遗失，但他的女儿蔡文姬却记住了其中的四百多篇。现代人记忆力强的更是屡见不鲜。日本索尼公司职员友寄英哲能背诵圆周率小数点以下两万位〔1〕；人们都惊叹周总理准确无误的记忆力。这些例子说明，人的记忆力有很大的潜力可挖。只要学习细心，踏实认真，一丝不苟，性格坚强，不但能使记忆力精确、牢固，深入挖潜，提高记忆力是完全可能的。记忆是智慧的仓库，信息的储存。因此，提高记忆力，对每一位大学生的智力开发、当前的学习活动乃至将来的职业活动都是十分重要的。

4. 发展思维，发展想象力

思维是智力的核心。它是在人的实践活动中，在感性认识的前提基础上，借助语言完成的。思维在大学生的智力活动中占有特殊的重要地位，思维的发展水平也标志着其智力的发展水平。

通过思维，人们可以认识感觉器官所不能直接反映的客观事物的本质和内在联系。靠思维能力，不仅可以认识现在，而且可以突破时空的限制，认识过去，认识未来，揭露本质，发

〔1〕“赵亚兴不同的记忆力”，载 http://news. QQ. com，2005 年 11 月 8 日访问。

现真理，建立科学，发明创造。

大学生学习活动的基本任务不仅是学习人类已经获得的知识和经验，接受一般的书本知识，更重要的是不断地追求新的知识，进行新的创造性的学习，培养自己的独立思考的能力，以具有理论型思维的特点，富有逻辑性、独立性、批判性和独立性。它的弱点是常常有表面性、片面性及主观性。因此，大学生必须善于在分析问题中培养自己的思维能力。这需要从以下几方面着手：

（1）培养良好的学习动机、好奇心和求知欲，以调动学习积极性和主观能动性，能够在认识问题的基础上明确提出问题，并能发现问题的矛盾所在。

（2）有意识地对事物的矛盾、典型材料进行分析、综合、抽象和概括，以形成概念应用原理进行推理，解决提出的问题，培养抽象、概括、判断、推理的集中性思维能力。

（3）通过提出假设，寻求解决问题的原则及规律，进行科学实验或社会实践，检验假设的真理性，寻求解决问题的方式方法，锻炼自己的发散性思维能力。

努力培养自己的思考能力，使其具有广阔性、深刻性、判断性和灵活性，进行自由联想与反应速度的训练，培养灵活多变的能力，使自己的思维活动更具有流畅性、深刻性、批判性和独立性。亲身参加科学研究等社会实践活动，在运用知识去独立、创造性地解决问题中锻炼自己的思维能力。

抽象也成为形象思维。想象力是人智力发展的一个极为重要的方面。爱因斯坦说："想象力比知识更重要，因为知识是有限的，而想象力概括着世界上的一切，推动着进步。并且是知识进化的源泉。"想象对大学生的人生道路的选择、个性发展、特点的形成同样起着重要作用。

知识与经验是想象的基础。没有知识与经验的想象只能是毫无根据的空想，是漫无边际的胡思乱想。扎根在知识与经验之上的想象，闪耀着思想的火花。经验越丰富，知识越渊博，想象力的驰骋面越广阔。独立思考又是想象的前提。满足已有的知识，人云亦云、因循守旧，则将压抑想象力。大学生既要掌握牢固的、系统的专业知识，又要深入生活，体验生活，丰富自己的生活经验，扩大知识面，开阔视野；还要有独立思考、解决问题的能力，才能在学习、创造活动中产生创造新形象的能力。

形象地说，以上智力因素，在认知的活动中，观察是侦察器。培养能力，就要主动自觉地获取信息，并使信息完整、清晰。掌握观察的方法，注意是定向器，掌握注意规律，培养注意力，能够保证在认识活动中，使心理过程保持一定的指向，持久、灵活、自觉；记忆力是储存器；锤炼记忆力，则是通过培养储存和提取信息的能力。通过记忆手段，使心记过程得以顺利进行和保持认识活动具有持续性；想象力是认识起飞的促动器；发掘想象力是促使心理过程服务于实践认识活动具有创造性的直接因素；思维是调节心理过程的中枢。心理过程在认识活动中之所以有礼节性、目的性、意识性，都是赖于思维这个核心因素的。

因此，基本因素之间是相互依存、相互制约、相互为转化前提条件的。因为每一要素的变化，不仅受制于各个要素，也受制于系统整体体；反过来又影响到各要素乃至整体。每一要素作用的发挥，不仅取决于各种要素作用的发挥，也决定于系统整体作用的发挥。反过来又必然影响各要素乃至整体作用的发挥。所以，各要素的整体结构，不是精致的，而是一个动态的结构。客观地看，现在大学生中，包括“尖子”生在内，各智力因素都得到全面发展的是少数且是极少数，全面都不发展的不存在，大多数是发展不全面的。因此，大学生应发挥自己的主观能动性，根据自我检查的结果，及时发现自己的好的因素和较差的因素，主动弥补，才能得到全面发展。

第八章

爱情心理与成才

如何看待男女问题，这不仅涉及社会领域，而且也是一个重要的教育问题。人们应该树立正确的男女两性观，因为这绝不仅仅是单纯的关系着个人生活的幸福。事业的成功，对社会进步也有重大的社会意义。树立正确的两性观，必须具有正确的恋爱、婚姻观和对家庭的科学看法。

诚然，恋爱、结婚本来就是人生历程的一部分。从青年学生切切实实的情况来看，映入社会、映入教育者眼帘的就有一个实实在在的生理、心理问题——爱情。

第一节 爱情心理本质属性剖析

一、什么是爱情

爱情是“人生永恒的主题”。爱情是什么？在西方社会中流传着这样一句谚语：“有一千个观众，就会有一千个哈姆雷特。”它表达了不同的人对爱情有着不同的理解，在中国同样如此。有人说：“爱情是一朵永不凋谢的鲜花。”有人说：“爱情是熊熊燃烧的烈火。”有人说：“爱情是欢乐的生命之泉。”有人说：

“爱情是无影无形和煦的春风。”有人说：“爱情是一股杀身败事的祸水。”

要想得到一个关于爱情的圆满解释，确乎是一件很难的事情。

现代科学对爱情的研究，理论上做了变化，认为解释爱情的本质含义涉及哲学、社会学、伦理学、心理学、生理学和美学等学科，用这些学科的研究成果对爱情做全面分析，可以得出如下的概念：

爱情是一定历史条件下的人类社会的一种生活现象，是一对男女之间基于一定客观物质条件基础上的共同的生活理想；是男女双方各自内心形成的最真挚的相互倾慕、渴望结成终身伴侣，并愿意为对方做出一定牺牲的热烈感情；是性爱、友谊、理想、义务等多种因素交织在一起的高尚的精神生活。

这个定义有四个排列句，分别代表四层意思：

第一层意思：爱情是人类社会所特有的生活现象，以此区别人类的爱情与动物的性爱。“一定历史条件下”，区别着文明与野蛮时期。人类历史上的群婚制曾经起过延长种族的作用，但不能说那就是爱情。爱情是与文明社会是共生的。

第二层意思有三点：一是“一对男女之间”的爱情，具有明显的排他性，要求爱情要忠诚专一，不能朝秦暮楚，见异思迁，也容不得第三者插足。正如人民教育家陶行知先生所言：“爱之酒，甜而苦。两人喝，是甘露。三人喝，酸如醋。随便喝，毒中毒。”二是“基于一定客观物质基础”，说明人类爱情不能摆脱社会经济基础所派生出来的物质前提。三是爱情强调男女双方具有共同的生活理想，没有理想，爱情就没有精神支撑。

第三层意思有四个要点：一是“各自内心形成的最真挚的

相互倾慕，不能一方强迫另一方”。二是“渴望结成终身伴侣”，没有择偶这一动机便不是真正的爱情，只能是玩弄别人的感情。三是“愿意为对方做出一定牺牲”，这说明恋人双方有无私的特性，强调相互给予。四是“热烈”，以两性相互吸引为基础的是爱情，以其独特的热烈程度而区别于其他感情。

第四层意思是：上述三层意思的概括和提高，它明确地告诉人们，爱情是一种“高尚”的精神生活，在两性相爱的生活中，精神与物质、精神与情欲比较，精神生活是第一位的。爱情离开了高尚的精神生活就会失去它原有的魅力，即使物质生活再丰富，也会令人乏味，正是这种高尚的精神生活，把性爱、友谊、理想与道德、义务等多种因素交织在一起，构成了一幅坚贞、动人的爱情之画。

二、爱情的产生

1. 爱情产生的生理因素——性的觉醒

“情”与“欲”是两个密不可分的概念。“欲”乃是“勿学而能，不可测度”的心理活动。“情由欲生”，情欲便是一种特殊的情感，它是以性欲活动为基础并逐渐发展而成。

郭沫若在《少年时代》中就认真的剖析了自己尚在蒙童时的情欲体验：那个时候，他年仅七八岁。有一次在花园里玩爬杆，当他使劲夹竹竿蹬足向上的时候，突然一种奇异的感觉传遍全身。后来，他对家中的一位堂嫂也开始产生一种特殊的情感。他每次见到这位堂嫂时，就想去摸一摸这位堂嫂那双细腻而嫩白的小手。无论是前者奇异的感觉还是后者特殊的情感，郭老承认那是缘于自己那“比别人要早的”性觉悟。老先生的性觉悟其实也未必就比别人要早，因为他这种类似的体验在众多同龄人的身上都出现过。现在，让我们仔细分析一下这一觉醒的过程。

（1）人生之初两性的表现。这一阶段主要指婴幼儿时期。孩子出生以后，长辈们意识到他们的性别，就会对男孩和女孩形成特定的心境和态度，这种依靠一定社会规范的心境和态度深刻地影响着对男孩、女孩采取的不同的教养方式。在先天的因素和后天的教养方式的共同作用下，使婴儿表现出人生最初的两性差异。这一时期，我们要帮助孩子们完成自己和他人的性别确定，这对其能否顺利成长有着重要的意义。

（2）两小无猜时期。这主要指小学阶段的儿童，他们已经知道两性之间的诸多差异，却并不忌讳，一起玩耍，一起游戏。

（3）性疏远期。主要指11 岁 ~15 岁之间，这一时期便是青春期的开始。由于青少年身体外形的一系列变化，身体内部器官的日趋完善以及性机能的逐渐成熟，性意识被唤醒了。尽管此时的性意识是朦朦胧胧的，但是已经开始自觉或不自觉地注意异性了，青少年采取自己独特的注意方式——疏远。即使是从小亲密无间的异性朋友，此时也渐渐地回避了。男孩子和女孩子之间彼此无言或极少说话，偶有交往却很害羞，在学校的课桌上出现了一条条清晰的“楚河汉界”，条条“楚河汉界”，正昭示了少男少女们此时心中萌动的性意识。

随着青少年不断成长，他（她）们开始在一种朦胧的情愫中来寻找自己的情欲对象了。寻找情欲对象在此时不是性的要求，而只是作为一种寄托。在他（她）们的心目中，反复审视、评判着自己周围的异性，其中的优秀者（比如学习成绩好、长相英俊等）往往便成为青春期的情欲目标。

2. *爱情产生的心理因素——大脑皮层的神经活动*

科学家们的实验揭示了爱情产生的心理因素，其中，美国心理学家阿德诺的“情绪评定——兴奋说”很具有代表性。他认为，人的感官接受了外界的刺激（比如异性的才华、品德、相貌等）后，将它转化为神经冲动传递给大脑皮层，人就对异性进行一系列的评价，形成一种特殊的爱的信息（态度），然后将爱的信息（态度）传给皮下中枢，激发交感或副交感神经兴奋，从而引起机体内部器官（如内分泌系统、呼吸系统、血液循环系统等）的功能变化。这些肌体、器官的变化作为内部刺激反馈于皮下中枢，同时有大脑皮层作为原先认识的背景，因而产生了可意会而不可言传、纷繁复杂的爱的情绪、情感，在青春初至时，便给青少年以最初的情感体验。

三、社会性是爱情心理最本质的属性

马克思对人的本质作了高度的概括，他指出：人的本质是一切社会关系的总和。古希腊哲学家苏格拉底也说："灵魂的美比形体的美更圣洁，理智的产儿比人体的产儿更崇高。"恋爱观是人生观的一部分，它包括一个人对待爱情的态度，对爱情所承担的义务与责任，如何处理爱情与事业、个人幸福与他人幸福、个人与集体、个人与社会的关系等内容。这种涉及一个人政治、经济、道德水平的恋爱观，就是爱情心理的社会因素。

列宁在谈到恋爱与两性关系的根本属性时曾经强调：最重要的还是社会性方面。他说："恋爱涉及两个人的生活，并且会产生第三个生命——一个新的生命。这一情况，使恋爱具有社会关系，并产生对社会的责任。"恋爱并不是个人私事，而是一种社会现象。它涉及恋爱双方的学业、成才、幸福与前途，涉及可能产生的第三个生命，涉及双方老人的快慰与忧伤，还与国家、民族的道德观念、意识形态紧密相连。爱情发展的结果，是新的婚姻与家庭的建立，而家庭又是社会的细胞。所以，爱情问题处理的好坏，直接或间接地影响着社会的风貌和发展速度。理想是爱情生活的灵魂，没有远大的理想与高尚的情操，爱情就没有动力，没有支柱。爱情强调思想感情的一致，而真正的思想感情一致，就是要有共同的志向和共同的理想。这些因素，都参与爱情生活。爱情是男女双方从追求共同生活理想开始起步的，又把事业理想、道德理想作为检验生活理想是否健康的试金石，最后以远大的社会理想为核心，营造起有意义的、充实的幸福殿堂。爱情生活中，理想的力量体现在各个方面。专注的事业理想，可以挖掘心理品质中潜藏的最美好的东西，如意志更坚定、信心更充足、思路更广阔、激励人的创造精神、加速成才的速度等。道德理想就是要求具有高尚的道德情操，不仅要求恋人相互敬爱、互助互励，还包括肝胆相照、忠诚专一、举止端庄、言行文明、互尽义务、承担责任等等。

怎样判断一个人是否具有远大的理想与高尚的情操呢？通过长期观察一个人的日常言行就可以鉴别。要看他（她）是把追求目标放在营造个人私利上，还是放在事业和为他人奉献上。千万不要满足于“只要对我好”的水平上。苏联著名教育家马卡连柯说过：“人类的爱情不能单纯从动物的性吸引力培养出来。爱情的‘爱’的力量只能在人类非性欲的爱情营养中存在。一个年轻人如果不爱她的父母、同志和朋友，他就永远不会爱他所选来作为妻子的那个女人，他的非性欲的爱情越广，他的性爱也越为崇高。”

爱情心理的社会属性可以使人产生理智感，而理智感则是恋人双双驾驭爱情这匹“烈马”的意志力量，是成才的催化剂。有了理智感，可以防止盲目坠入狂热的漩涡，否则，会使自己变得不思进取而自甘沉沦，理智感可以帮助我们更好地理解人生的要义，促进事业的成功。

第二节　青年学生恋爱心理结构与规律

一、青年学生恋爱的心理结构

爱情是多种要素的综合体，其中心理因素构成主要包括以下几个方面：

1. 要有共同的人生观

青年学生谈恋爱一般指向性较强，目的是男女之间结成良缘，组成美好的家庭。因此，双方对人生的目的、价值看法、思想感情均应一致，并同步发展，有共同的志向、理想。只有这样，恋爱情感才能在和谐共鸣中产生和发展。

2. 心理相容（和谐与互补）

心理相容分为和谐与互补两部分。心理和谐是指在婚恋双方对对方的思想感情与心理特点方面的了解与适应。燕妮说："当你打算同一个人共同生活、白头偕老的时候，用5年~6年的时间做巨大而必需的考查，大概不算长。"互补，就是用自己的优点来影响对方。车尔尼雪夫斯基说："爱的意义，就在于帮助对方提高，互补则是爱的内核原则。"两人心理完全一致是不可能的，精神需要强烈，追求心理相容比一般青年更有紧迫感。

3. 忠贞，是爱情成功的基础，是我国优秀的道德传统

因为爱情具有性爱的成分，而性爱则具有排他性。青年男女的爱情是一种纯真的恋爱之情，也就是说是男女之间热爱而难舍难分之情，是专一的、忠贞不贰的，绝对不能三心二意，脚踏两只船。爱情如同人的眼珠一样不能够掺杂半点灰尘与渣子。据调查，男女大学生选择爱人的条件，首要因素就是品德人格，忠贞不贰。

4. 互尊与自尊

在爱情的心理结构中，互尊与自尊是相辅相成的。马克思在给燕妮写的信中说："在爱情上集中了我所有的精力和全部的感情，我又一次感觉到自己是一个真正的人，因为感觉到一种强烈的感情。"由于青年学生自我意识处于发展和稳定时期，渴望有最真挚的心理倾慕。

5. 期望性

青年学生对恋爱的顺利发展结果——结婚，具有较高的期望值。尤其是女生对此比男生的需要更强烈。大学时期的后阶段，青年学生人生观基本成熟、稳定，对自身的价值、名誉、地位、社会舆论等极为敏感，在选择对象上比较谨慎，对成功的希望较大。因此，大学生在择偶时有自己的标准。

二、青年学生恋爱心理发展规律

青年学生恋爱心理的发展，与他们成才过程的阶段性有一定的内在联系。大学生要把自己塑造成社会需要的专业人才，要经历适应环境、全面发展与向职业生活过渡三个阶段。每个阶段都要出现一系列的新的心理活动。如果没有意识到这一点，适当转移或升华自己的情感，就可能产生恋爱心理。

初入高校时，大部分学生对学校环境不适应，生活上要自理，学习上要自立，同学同吃、同住、同上课，思想却不相通，容易产生疏远与寂寞感。这时，如果某一异性同学与自己接近，在某些方面对自己有所帮助，就可能一见倾心，把友谊或单纯的异性间的吸引误认为是爱情，不顾一切地亲密起来。这种比较盲目的、一见倾心的爱情，缺少爱情心理的多种因素，成功的把握不大，就是成功了，双方也都要付出很大的代价，会产生精神疲倦感，或者会导致筋疲力尽。一旦有什么变故，容易造成极度失望的情绪产生。

在按照大学培养目标全面塑造自己的阶段，青年期闭锁心理所导致的孤独感与强烈要求扩大交际范围之间产生的矛盾，很可能会在最初结交的一两位异性同学中产生爱情，坠入爱河或情网而不能自拔，使专业学习受到影响。当交往范围继续扩大后，可能发现新的异性比自己的恋爱对象强，便会陷入进退两难、举棋不定的困境，发生爱情纠葛，造成精神上的伤害。

大学生处在向社会正式成员过渡的阶段，毕业分配临近，毕业设计、毕业论文、毕业实习等一系列的活动进一步开拓了自己的视野，成人感、理智感进一步加强，开始严肃地、慎重地考虑寻找终身伴侣的问题，部分家长也希望儿女在毕业后早日成家立业，不断询问儿女这方面的情况，这也助长了青年学生爱情心理的发展。

第三节　青年学生恋爱的评价与成才

一、青年学生恋爱的评价

纵观当前青年学生恋爱观的现状，根据青年学生的年龄及生理、心理特点以及社会对青年学生成才规格的要求，青年学生在校期间谈恋爱是弊多利少。

（1）容易使学习注意力下降。新时期信息量的急剧增加，知识更新周期的缩短，青年学生的成才规格增高，促使青年学生在学习上产生紧迫感。在校期间用来涉猎知识，掌握理论，培养能力，加强修养等都是很紧张的，如果再加上恋爱负载，势必会造成超负荷运行。一个人超负荷运行时间过长，必然会锐气大减，意志贫乏，精力衰退，严重影响青年学生成才。

（2）容易给自我品质发展带来困惑。恋爱是一个心理过程，在整个过程中，有喜悦、有彷徨、有苦闷、有悲伤。尤其是恋爱失利的个人情感负反馈，对于每一个恋人都是难以逾越的精神障碍。由于大学生年纪轻，缺乏生活经验，容易被这些挫折所击倒。有的甚至一蹶不振，就此消沉下去；有的甚至走进死胡同。

(3) 青年学生本身素质和年龄的不现实性。大学生大多数在 18 岁左右，性生理完全发育成熟，但心理还未完全成熟。因此，对择偶的标准、对异性的要求、对现实生活均了解不深，过早谈恋爱，难免草率、盲从，造成不必要的精神负担。

(4) 缩小了交际圈，不利于青年长远发展。青年学生谈恋爱影响人际关系，不利于个人人际关系的发展，有碍更广阔视野的拓展从而影响到个人陶冶情操。构成爱情的因素有三个：性爱、理想和义务。性爱是产生爱情的基础和前提，它具有排他性。恋爱中的青年男女学生，在生活中活动面减小，人际交往越来越窄，与同学的思想交流封闭。有的学生谈恋爱后，常常是两个人在一起，卿卿我我，有的深夜不归，在教室影响同学学习，在寝室影响同学休息。由于恋爱用去时间较多，参加集体活动、公益活动减少，影响人际关系，影响自己全面发展，不利于陶冶情操。而青年是人际交往意念最强、最年富力强的时候，在高校中建立适当的同学交际圈，对今后走上工作岗位后的人际关系拓展和建立信赖关系将非常重要。而一旦进入恋爱阶段后，自我交往的人际圈便会变得较小，且关注点不在与同学交往来培养基本的交往基础，因此，就可能会丢掉大好的人际关系建立的最佳时期从而失去更宽广的人际交往范围，为以后的工作和生活带来影响。

(5) 不利于良好品德培养。一般来说，男女青年恋爱后，吃、穿、用都比以前讲究，开销也大了。这样，无形间就会增加经济上的负担。尤其是进入热恋阶段，男女感情往往占据日常生活的第一位。有人曾说：恋爱中的人，其智商为零。此话可能说的有些片面，但从一个角度指出了恋爱中人的共同的情感状态。没有了智商，理性思考问题的控制能力自然就会下降，在一些问题上就容易出现盲区和误区，而大学生正处在由感情不稳定向稳定过渡的时期，这些因谈恋爱而到来的困惑，自然而然，就会带到日常生活中，影响情绪的稳定发展和个性品质的成熟速度。如果掌控不好，就会做出让自己后悔莫及的事情。现实中，这样的例子较多。比如：有的同学为了摆阔气，大吃大喝，等父母给的钱用完了就在同学、老师处借钱欠账，有些因为不能按期归还，造成同学关系的紧张；有些大学生的家庭经济情况又不允许超支消费，为此，有的为女朋友而发展到偷盗以满足对方的虚荣心。成都某大学一男生偷东西被抓，女朋友则冒名承认；有一所学校一个女生为了穿得漂亮一点，讨得恋人喜欢，一夜之间偷了一件大衣、两件太空服。这些深刻的教训要引以为戒。

当然，大龄青年在校期间谈恋爱，从社会和个人的角度讲，有一定益处。其实青年在校期间谈恋爱本身，从生理角度讲也是正当的，正是基于这一点，我国新修订的教育法明文规定：大学生在校期间可以谈恋爱，在校期间，到了适婚年龄也可以结婚。这是我国法律进一步人性化的结果，也是文明的进一步发展。但允许谈恋爱、允许结婚，不代表青年大学生在某些方面就成熟了或某些个人就具备了结婚的条件。一定要从发展的、长远的、有利于自己健康幸福的角度，严肃认真地对待恋爱和婚姻问题。因为，在校期间，同时也是一个人生命当中最宝贵的学习、交往、提升、发展的黄金时间。我们要清醒地认识到青年学生肩负的任务、对人生的态度、所处的环境、对爱情的层次、对爱人的选择标准的心理状态，与一般社会青年应有所不同。因此，青年学生在校期间应以成为国家的建设人才为第一己任，树立正确的恋爱观。

二、恋爱与成才

爱情只是生活当中的一方面，并不是生活的全部。作为一个青年学生来讲，除了需要爱情之外，还有更重要的事情要做，这就是对理想和事业的追求。在爱情与事业、爱情与成才、爱情与国家民族和谐发展建设等问题上，爱情并不是第一位的，她不能影响成才，而应当服从于成才，促进成才。这是有志者恋爱的一个重要的鲜明的特点。但是，爱情与学习、爱情与成才、爱情与事业关系的处理，在时间上是矛盾的。处理得好，可以加快人的成长，推动事业的成功；处理得不好，可能会埋没人才，阻碍事业的发展。

那么，青年学生怎样才能正确处理好爱情与成才的关系呢？

1. 在选择情侣的标准上，要把心灵美放在第一位

爱人不是雕塑和绘画，只用来供你放在玻璃罩中去欣赏。而应是生活中的帮手，事业上的支持者和合作者。因此，在选择伴侣上，要特别注意对方的人品和内在气质。有了这种坚实的基础，就会在人生道路上少走一段弯路，对成才是十分有利的。

2. 何时开始谈恋爱，要进行精心选择，使之服从于成才的需要

对于开始谈恋爱的时间，某些自认科学家建议：年轻的朋友，请等到生理和心理都相对成熟和健美的时候吧。某些哲学家和伦理学家主张：待你理想和人生观相对稳定的时候，就是恋爱的最佳季节。还有一些社会学家和教育学家认为：青年朋

友，请等到播种和收获完成的季节吧！某些美学家则告诫人们：爱情的美好，在于控制。

苏联著名教育家苏霍姆林斯基曾说：爱情是人生的一大幸福，也是人生的一大难题。他指出，年轻人在跨入爱情的大门时，要做极其严肃、认真、慎重和细致的考虑，至少要向自己提六个问题：一问你学会对别人忠诚了没有；二问你能否做到不自私；三问你能否善于控制自己的愿望；四问你的双亲对这桩事情有什么意见；五问你是否想过今后要孩子；六问你是否想过未来的家庭中除了欢乐外，还有忧愁、灾祸和不幸。在上述六个问题未做出肯定的回答之前，请你不要轻易地对别人说“我爱你”。所以，当爱神敲响人生之门的时候，每个人都必须慎重考虑，什么时候敞开大门对成才有利。当自己的理智尚不能驾驭爱情这匹烈马时，最好不要急于打开爱情的大门。

3. 掌握住爱情的“温度”，使之从属于成才和事业

以异性相吸为天然基础的爱情，是一种复杂而热烈的感情。有的心理学书上，把它称为“微睡的火山”，认为只能让其缓缓地苏醒，不能让它突然爆发。一旦谈恋爱时如痴如狂，任爱情之火熊熊燃烧，不顾一切，失去理智，势必毁了自己。有一位大学生在诉说自己掌握爱情温度表不慎造成的失误时说：恋爱给我带来了极大地苦恼，至今我还为它忧心不安。1987 年我考上了某大学，进校不到一个月，我便爱上了一位女同学，她不仅十分漂亮，而且风度异常动人。当时，甜蜜的爱情充溢在我的心里，我认为大学四年苦学没有太大的意思，搞不好会夜长梦多。于是，在我的劝说下，我们一起退学了。可退学之后，我们所希望的那种不能用笔墨语言来形容的爱情却没有产生。我终于体会到了我们的生活是多么空虚，我们的爱情不过是花荫下的甜言蜜语，以后再加上一些无谓的眼泪而已。从这位青

年的爱情体验中可以看出，大学生控制不住爱情的温度，让爱情脱离了成才的轨道，结果只能使自己庸庸碌碌，无所作为。

青年学生的爱情之歌，应该是美感、理智感、道德感组合成的协奏曲。只有三者和谐一致，才可能奏出人生中最壮美的乐章。

第九章

人际交往意识的培养

人是不能离开社会而独立存在的。个体在同社会的广泛接触中，会与他人建立联系，相互作用，产生人际交往。现代社会的发展需要人们在更广泛而深入的领域内联系与合作，人际交往在事业成功与生活幸福中的作用越来越明显。青年学生是人际交往的积极参与者，他们渴望得到友谊，乐于结交朋友，更希望自己在交往中迅速成长。因此，引导青年学生正确认识和开展人际交往对青年学生成才有着重要作用。

第一节　人际交往的含义及作用

一、人际交往的含义

1．人际交往的概念

人际交往，顾名思义，就是人与人之间通过一定的方式进行接触，从而在心理上和行为上发生相互作用和相互影响的过程。在交往过程中，交往双方实现着信息的交流、情感的沟通和行为上的互动。人们通过沟通和相互作用，实现了相互认识和了解，建立了一定的心理关系，即人际关系。

人际交往的实质是以物质关系为基础，以情感联系为纽带，反映人的需要的一种心理状态的行为表现。从交往的方式来看，有些是直接的、面对面的交往，如在一起谈话、讨论、座谈等；有的是间接式的交流，如通过电话、书信、邮件、网络等进行的交流。

2. 人际交往的特点

（1）人际交往的选择性。在现实生活中，个体无法同所有的人进行交往，人们总是根据需要和兴趣选择部分人作为交往的对象，同时又要考虑适当的交往方式，已达到交往目的。交往的过程能够正常进行是交往双方选择的结果。

（2）人际交往的对流性。在人际交往的过程中，交往的双方互为主体，即在某种情况下，一方是交往的发起者，具有主动性，但一旦进入交往过程，交往双方就会进入互为主体的状态，双方都是信息的发出者和接收者。交往的过程是物质、情感、信息的双向流动。交往在一定程度上改变了双方的关系，使双方的态度和行为趋于一致。

（3）人际交往的互补性。人在社会交往中是以一定的社会角色出现的，必须按照社会对这一角色所规定的行为规范来交往，否则就会出现负评价。如以大学生的身份出现，人们就会以社会对大学生的总体印象来评价其行为举止是否像一个大学生。由于社会对不同角色有不同的评价标准，因此，人们在交往中需要互相协调自己的行为，通过双方的取长补短，使个体得到不断完善和发展。

二、人际交往在成才中的作用

人际交往是个人社会化的起点和必经之路，对青年学生成才有着重要作用。

1. 丰富社会经验，提高自我认知能力

社会经验的获得是靠在社会实践中不断积累而丰富的。青年人阅历浅、经验不足，通过与不同年龄、性别、角色、个性特点的人交往，可以积累多方面的社会经验，加快自己社会化的过程。

认识是人在社会实践过程中，对自己生理、心理、社会活动及自己与他人关系的认识，这种认识将随着年龄和社会实践的不断增长而提高。认知能力决定了个体对人的判断反应、交往方式以及朋友的选择等等。青年学生要积极参与人际交往，形成正确的人际知觉，正确认识自己与周围的环境，才能形成良好的自我形象。相反，若无自知之明，就会常常感到不适，甚至遭受不应有的挫折。

2. 交流信息，拓宽知识面，开发智力

在人际交往过程中，每个人对客观世界的认知、兴趣、体会和经验都会自觉不自觉地流露和表达出来，并传递给周围的人。一个人的知识有限，但许多人的经验结合起来，相互交流思想和信息，事业就会开阔，知识面就会拓宽，智力就能得到开发。马克思在上大学时，知识面十分渊博，对此，他说："我之所以懂得多一点，那是和我参加哲学俱乐部分不开的。在那里，我学到比书本上多得多的知识。"纵观科学发展史，不难发现这样一种现象：一群科学家聚在一起探讨难题和交流情趣，达到思想的重组，其整体的科学创造力就不再是几个科学家智力的简单代数和了，而会勃发出群体聚变能力，出现一加一大于二的"智力共振"。奇迹往往就在这种"智力共振"中产生。在当今信息高度发达的时代，一个人要在浩如烟海的知识信息中过滤出对自己有用的信息来是相当困难的。对于处在人生成长关键阶段（时期）的青年学生来说，一方面要努力提高学习的效率，另一方面，要通过广泛的人际交往及时准确地掌握信息，才能在激烈的社会竞争中立于不败之地。

3. 增强道德感，塑造高尚人格

人际交往总是伴随着情感的交流。青年学生在交往的反复接触中，能够较深刻地体会到对方的心思，进而形成感情上的交融。这种感情交融是形成良好人际关系状态的基础。当觉察到他人有困难时，就会产生同情心、责任感，诱发助人为乐的动机。在人际交往中，处世热情、心地宽厚是具有感召力的重要因素。由于人际交往涉及面广，各种各样的人之间差异较大，尤其需要相互理解，彼此谦让才能在差异很大的人之间架起一座友好交往的桥梁。此外，在人际交往的过程中，为人忠诚是度量对方的试金石，只有交往双方坦诚相待，才能使交往健康、长久。可见，良好的人际交往对于增强道德感，塑造高尚人格有着积极的促进作用。

4. 促进身心健康，增强社会适应能力

每个人都有喜怒哀乐，面对激烈竞争的社会，保持稳定、乐观、积极进取的心态是个人适应社会发展的一个重要方面。人和人之间的交流与情感融洽有益于身心健康，具有强烈归属感的青年学生更需要理解和支持，有了喜事对朋友讲一讲，大家一起分享；遇到困难找个朋友说一说，可以分担压力，交流的过程是释放压力的过程，可以适当地缓解精神紧张。好的人际关系可以带来好心情，好的心情可以激励人奋进。在这样的环境中，人就能够正确处理生活中的烦恼和事业发展中遇到的困难，就能增强社会适应能力，为青年学生成才建立良好的心理基础。

5. 增进异性间了解，建立纯真友谊

异性交往是社会生活的重要方面。青年学生随着生理的发育成熟，会产生同异性交往的强烈愿望。但由于缺乏对异性的了解，往往对异性抱有神秘感。异性间的交往可以促进相互间的了解，获得异性的信赖和友谊，使情感得到补偿和升华。异性交往还有利于青年学生良好行为习惯的养成，在求得异性好感的动机或潜意识下，往往自觉或不自觉地扬长避短，注意仪表、言谈、举止文明等个人修养，改变不良习惯，提高自身素质。异性交往也是将来获得真挚爱情的前提，建立在友谊基础上的爱情往往男女双方志趣相投，了解比较深刻，婚姻幸福的可能性也比较大。

第二节　青年学生人际交往的心理分析

一、青年学生人际交往的心理需求

青年学生是生命力最旺盛的时期。这一时期，青年学生身体发育迅速，新陈代谢功能强，精力充沛，为他们进行人际交往提供了坚实的基础。进入青年期也意味着进入了心理的断乳期：青年人随着能力的增强，自我意识的形成，极力想摆脱父母的监护，跻身于社会成为其中一员。而这种“断乳”又给青年学生的心理带来动荡和不安，特别是在遇到复杂的问题时，为了寻求帮助、摆脱孤独、达到心理平衡，青年学生就把注意力转移到与社会其他成员的交往中。在现实社会中，青年学生人际交往一般都有较为直接的心理需求。

1. 寻找友谊

结交朋友，寻求友谊是青年学生人际交往的动机之一。友谊是结交朋友的跳板，它不断流入新的重要人际关系之中，没有朋友的人通常缺乏维系友谊的能力。结交朋友、寻找友谊，可以摆脱孤独，满足青年学生心理上的需求。

2. 慕名

青年学生进行交往，在许多情况下是受慕名心理的支配，渴望结交在某些方面的有成就的人。慕名心理往往与自己的情趣、爱好有关并密切联系。如：爱好足球的人渴望与自己喜欢的足球明星结交，喜欢音乐的人渴望结交歌星、演奏家，爱好书法的人渴望结交书法家。人们大多认为，与这些名人结交是一种荣耀，可以提高自己的人生价值。一些人哪怕得到名人的签名，和那个人讲一句话、合一次影也得到心理上的极大满足，感到一种幸福。

3. 成就

青年学生的成就心理一般都比较强烈，他们渴望在学习上、工作上、个人情趣爱好上取得成功，进而寻找各种关系来支持其获得成功，这是一种较为普遍的心理。如：爱好影视表演的学生喜欢与演艺界的人交往，期望通过他们提供机会，能在影视圈有展现才华的机会。

4. 求助

每一个人生活在世界上不可能是一帆风顺的，总会遇到许多困难。通过交往，获得别人的帮助，这是青年学生人际交往的一个重要需求。当遇到力所不及的事情时，有能力的朋友可以帮助自己解决困难。当遇到心理烦恼、不愉快时，找个知心朋友谈一谈，诉说一下心头不畅之事并求得朋友的帮助、指点、疏导，可以消除心理上的不平衡，保持心理健康。

5. 休闲娱乐

对于广大青年学生来说，人际交往可以扩大他们休闲娱乐的范围和方式。通过交往可以使情趣爱好相同的人在一起聚会、交流，可以利用及假日或课余时间共同外出旅游，参加体育运动等。

二、青年学生人际交往的心理效应

青年学生渴望通过人际交往建立和发展良好的人际关系，但在相互接触、交往的过程中，常常会出现矛盾和冲突。一些人之间相互吸引、彼此亲近；一些人之间则相互排斥、彼此疏远。影响人际关系的因素是多种多样的。在人际交往的实践过程中，我们能发现一些带有规律性的心理因素影响和制约着人际交往的进行，我们称之为心理效应。掌握这些规律，对于我们加强心理调控，正确认识周围的人际状况，顺利进行人际交往大有益处。

1. 首因效应

首因效应是指人们第一次交往产生的印象所带来的影响和效果。首次交往的印象好能提高交往的积极性，反之，首次交往印象差，相互间就很难有继续交往的热情。由于首因效应是最初的不全面的认识，因而是有偏差的。我们要正确对待首因效应在人际交往中的作用，否则就会在人际交往过程中受阻。作为认识的主体，要尽量避免第一印象产生的影响，把第一印象与日后的观察结合起来，客观公正地认识一个人，要相信“路遥知马力，日久见人心”。作为被认识的对象，要注意给别人留下良好的印象，这对日后的交往是有利的。

2. 近邻效应

近邻效应是指人们多愿意选择在空间条件和时间条件上与自己相近、相邻的人进行交往，这主要基于“有用期望”。从空间条件上来看，俗话说：“远亲不如近邻。”空间相近的同事、邻居容易产生一种从近邻获得帮助的心理愿望。同周围的人搞好关系，用友善的美好愿望与对方交往也容易获得安全感。从时间条件上看，因个人生活规律和作息时间存在着差异，有共同交往时间的人更容易走到一起。在人际关系中，我们应利用近邻效应搞好自己与邻里同学的关系，同时也应拓展视野，适当选择在交往时间、空间上与自己有距离的朋友，扩大自己的交往范围。

3. 晕轮效应

晕轮效应是指在看待某个人时，由于对他的某种品质或特征印象极深，像月亮一样掩盖了对这个人其他品质和特征的知觉。有人把它比喻成“情人眼里出西施”。这种现象的实质是以偏概全。这种认知的偏差往往是在掌握认识对象信息很少的情况下做出总体判断的结果。晕轮效应是日常生活当中常见的心理现象，了解和分析晕轮效应，有助于防止认识偏差，全面地对待人和事。

4. 定势效应

定势效应是指人的头脑中存在着某种固定化的想法，影响着他对他人的认识和评价。如小品《主角和配角》中朱时茂对陈佩斯说：“就你那模样，一看就是个反面角色。”然后对自己说：“看我穿上这身衣服，起码也是个地下工作者。”这就是长相产生的定势效应。当我们认识他人时，常常会不自觉地带着一种有倾向性的心理状态或按照一定的外部联系对他人进行认识和评价，从而产生定势效应。现实生活中，定势效应普遍存在着。如某位领导对某同志信任、父母偏爱某个孩子等。在人际交往中，应尽量避免定势效应，用发展的眼光看人。对于被他人用不好的眼光来看待的人来说，要改变别人的定势效应，就要在实践中改变自己，并对自己的成绩做好适当的宣传，以使别人改变对自己的看法。

5. 投射效应

投射效应是指一个人总是假设他人与自己有相同的看法和

态度，即以己之心度人之心。如：疑心重重的人，总认为别人不怀好意；富于改变性的人，总认为别人也生性好斗。这是一种严重的认识偏差，它是由怀疑引起的对别人人格的歪曲。客观地、公正地、辩证地、一分为二地对待别人和自己是克服投射效应的良方。

6. 互酬效应

互酬效应是指人在交际过程中，因相互帮助而使关系更为密切的心理效应。在人际交往中，凡是能为别人提供帮助的人，总是比较受欢迎的。由于人际交往是一种双向性的交流活动，只有双方都能为对方提供帮助，人际关系才能在相互帮助中逐步深化。但是，不能把人际交往中的互酬看成类似商品交换的等价原则。一个人有困难理当助之，这是义务，也是道德所要求的。人际交往中的互酬在许多情况下是不同步的、不等值的。

三、青年学生人际交往心理障碍分析

人际交往获得成功的前提是必须进行有效的信息沟通，而信息沟通的有效性取决于信息源、信息渠道、信息接收以及反馈的状态和质量。如果其中的一个要素出现问题，就会导致人际交往障碍。一般来说，交往双方文化、社会、心理上的差异是导致交往不能顺利进行的主要原因。属于文化因素方面的差异主要有：社会地位、社会角色以及年龄、个人经历等方面的差异；属于心理因素的差异主要有：认知、情绪、个性等方面的差异；从文化和社会因素来看，有许多因素受外部条件影响很大，直接对人际关系沟通造成障碍。如：语言差异、种族偏见、社会角色差异等。随着社会的进步和人们所接受的文化程度的提高以及社交活动的日益深入，人们会通过主观努力逐渐适应并消除这些障碍。这里我们重点对青年学生人际交往心理障碍的原因及表现进行分析。

1. 认知障碍及表现

认知障碍主要是由交往双方认知失调所引起的，交往双方在信息交流中看问题的角度不同，思维方式不同，对同一问题产生不同理解，从而造成交往困难。

青年学生由于正处于心理“断乳期”，自我意识增强，开始用自己的头脑思考分析问题，但由于社会阅历有限，不能正确认知自己和他人，常常以理想代替现实，结果必然造成心理障碍。其主要表现在：一是自傲。即自我意识感觉良好，期望值过高，与人交往傲气十足并带轻狂色彩，居高临下，只注意自己的感受而忽略他人。二是自卑。自卑与自傲相反，它是由个人对自己的评价过低而引起的。一些学生发现自己在经济、能力、学识等方面与他人相比有较大的差距时，就丧失信心，怕别人瞧不起，从而把自己封闭起来。三是偏见。偏见是指在人际交往中因对他人的错误认识而导致某些带有不良倾向性的看法。青年学生社会阅历浅，往往凭自己已有的经验去看待现实的同学，因此容易形成偏见，影响同学间正常交往。

2. 情绪障碍及表现

情绪障碍是指在交往过程中，双方情绪都会极大地影响交往效果。一般来说，情绪稳定者对信息的理解比较正确，也能比较理智地分析各种信息，情绪急躁者对信息的理解则可能会因情绪的影响而发生偏差。交往双方如果都处在激情状态或心境不佳时，就难以实现沟通，甚至会对立起来，歪曲双方的意思。

青年学生受青春期身心发展的影响，情绪体验强烈，并且起伏较大，变化快，常因一时好恶而改变对他人的看法，因而产生多种交往障碍。主要表现在：一是冲动。青年学生血气方刚，自我控制力低，在受到刺激后常常因过度兴奋而不计后果。这种状态影响人际交往是不言而喻的。二是嫉妒。嫉妒是指在人际交往中，发现自己在某些方面或某一方面不如他人时产生的一种不平衡情绪。这种不平衡情绪如不能得到有效控制就容易出现抱怨、憎恨、愤怒等不良心态，甚至有可能发展到讽刺、挑拨、谩骂等不正当行为，从而导致人际冲突。三是厌恶。厌恶时，对他人产生否定评价后会对其形成的排斥性情绪，其后果是直接导致人际疏远。青年学生之间在言行、观念上的差异如果得不到相互宽容，就容易形成厌恶的心理，从而阻碍人际交往。

3. 个性障碍及表现

个性障碍是指个性特点或封闭或不易与人沟通，拉开了与人交往的距离，从而形成人际交往的障碍。主要表现在：一是害羞。害羞是指因惧怕而在与人交往中出现心理紧张、言语慌乱、手足无措形成的一种自我封闭的情绪状态。性格内向的人往往容易害羞。二是孤僻。孤僻是指回避或根本不愿与人交往，缺少心灵的默契。在行为上表现为封闭自己，不与人合群，喜欢独来独往，天马行空。三是猜忌。猜忌是指在与人交往中总是怀疑别人有不可告人的目的，因而处处提防，甚至把别人的善意当成恶意，结果是容易使人际关系出现裂痕或出现人际冲突。四是偏执。偏执是指在人际交往中固执己见、行为古板，有时甚至知道自己是错的还要坚持或不愿在别人面前改变态度。这种个性特征也是造成人际关系障碍的重要原因。

人际交往过程中，文化、社会、心理等方面的因素产生的障碍往往是交织在一起的。文化、社会因素的沟通障碍影响心理系统的沟通障碍，而心理系统的沟通障碍也会反作用于文化、社会因素的沟通障碍。例如：如果语言障碍不能消除，那么，在心理上就容易出现因沟通困难而产生为难情绪。因此，结束心理障碍不是单靠心理疏导就能办到的，需要从多方面入手提高认识。

四、青年学生人际交往心理障碍的调适

人际交往的心理障碍是由一些不良心理因素对人际交往产生的消极影响而造成的。人际交往心理障碍调适的目的就是要帮助青年学生克服不良心理因素，消除心理障碍，促进人际交往的顺利进行。

1. 明确人际交往的基本准则

对于广大青年学生来说，成功的人际交往必须建立在以下几个准则的基础之上：一是真诚。人际交往需要获得友谊，友谊需要真诚。只有真诚才能赢得别人的信赖和尊重。说谎话或言行不一，最终会被人识破，给别人不诚实不可靠的印象，必然要导致人际交往的失败。二是正直。正直是指对人公正、坦率，有高尚的道德情操和强烈的责任感。正直的人在人际交往中会自觉运用道德约束自己，具有正义感，不因自己地位的变化而改变人际交往的态度，在别人遇到困难时，能全力支持和帮助，对错误的言行敢于斗争，在功利面前坚持原则，不以权谋私。与正直的人交往能够获得安全感，这是人际交往中难能可贵的品德。三是平等。人际交往中的平等主要是指人格上的平等。表现为交往双方的相互尊重，平易近人。在社会生活中，每个成员的职业有分工，职务有高低，但人格是平等的，每个人都有自己的尊严和价值。尊重他人就是尊重自己，所以在交往中必须坚持相互尊重的原则，平等合作。四是合作。合作是为自我发展和价值目标的实现而与他人或组织相互协调，共同行动。与人共事也是一种合作，合作是现代社会发展的一个重

要特征，善于利用联合优势的人会促进事业兴旺发达。

2. 努力提高个人认识能力

这里我们所讲的认识能力主要是指对社会的认识能力和自我认识能力。

第一，认识社会能力。在人际交往过程中，每一个人都是依据已有的对社会的认识能力来调整自己行为，对社会众人的认识决定了人际交往的态度和方式。由于青年学生人际交往经验不足，思考和分析问题的能力有待提高，常常不能客观地看待社会，从而产生一些错误的认识。例如前面所提到的人际交往中的首因效应、定势效应，往往因为认识能力有限而导致偏差或偏见，使得交往不能正常进行。要提高社会认识能力，一是要多接触社会，积极参与社会实践，在实践中锻炼和丰富自己。二是要努力学习理论知识，用唯物主义辩证法的观点和心理学知识来思考、分析问题。三是要善于听从别人的意见并为自己所用。

第二，自我认识能力。所谓自我认识能力，包括三方面的内容：一是生理的自我。即对自我生理状况的认识，这个认识相对来说容易一些。二是心理自我，即对自己心理状况的认识，如：自我兴趣、自我情感、自我意志等等。三是社会自我。即对自己在社会中的角色、地位、作用等方面的认识。这里我们需要讨论的是心理自我和社会自我认识能力的提高。主要应着眼于以下几点：一是通过自我分析来认识自我。中国古代就有“吾日三省吾身”的说法，这种自我反省的修身养性的方法，对我们现代青年学生认识自我仍然有重要作用。通过对自己处世的经验、教训的检查、总结可以发现自己的长处和短处，从而摆脱旧我创造新我，最终达到认识、提高自己的目的。二是通过与他人的比较来认识自己。当人们在缺乏客观标准的情况下，可以通过与他人的比较来认识自己；与周围的普通人的比较，能找到自己的差距和努力的方向，与他人比较最重要的是选定适当的参照对象。在与他人的比较过程中要注意保持平衡的心态，防止出现自卑、自傲、嫉妒等不良心理现象。要始终明确比较的目的是为了正确地认识自己，促进自我提高。三是从他人的评价中认识自己。在许多情况下，我们都可以从别人对自己的评价中来认识自己在社会中的现实状况，他人的评价比主观自省有更大的客观性。如果自我评价与周围人的评价相似性大，则表明自我分析能力强，如果自我评价与客观评价相差大，则表明自我分析能力差，需要调整。当然，对别人的评价也要注意认识上的完整性，要全面听取意见，综合分析，避免故意损害他人形象的人干扰评价的真实性。

3. 培养良好的交往心理素质

社会认识能力和自我认识能力的提高能够为青年学生开展人际交往提供良好的心理准备。在社会交往过程中，青年学生还需要培养良好的交往心理素质。一是学会克制自我。主要是克制自我的不良情绪，包括不良的心境、不良的激情和不良的应激状态。不良的情绪对人的身体的健康和事业的发展都是不利的，甚至具有破坏性。例如球迷闹事，就是少数青年人在消极的激情状态下，做出的有损国家荣誉的事情。人际交往过程中，只要交往双方善于克制自我、保持冷静，用别人能够接受的方式去实现沟通才能求同存异，消除矛盾，维持良好的人际关系状态。二是培养好的性格。性格对人际交往的影响很大：积极主动、热情、善于言谈的人身边总能聚集很多朋友；消极被动、冷漠、言语木讷的人则很难获得朋友。性格好的人往往容易沟通，所以，培养好的性格对促进人际交往有积极作用。性格的改善要求个体树立自信，保持乐观的生活态度，面对困难和挫折不屈不挠，主动大胆地交往。伴随人际交往的深入和自我调节功能的提高，害羞、孤僻、猜疑等不良心态就会逐步得到消除。

以上我们仅仅从排除人际交往心理障碍的角度对人际交往的调适进行了分析。在现实生活中，交往双方的风度、仪表、学识、交往技巧等都会对交往双方或多方产生影响，对这些因素我们必须给予足够重视。

第三节　友谊感与群体意识

一、友谊感

1. 友谊感的概念

友谊感是人们对友谊的主观情感体验。由于人与人之间交往的时间、方式不同，交往的认识程度和亲密程度不同，因此，对不同人之间友谊的体验深度就不同，稳定性也有差异。比如：患难之交的友谊往往比较深厚；一面之交的友谊容易随着时间的流逝而被淡忘。

随着社会现代化的发展，社会分工越来越细，社会生产以至生活服务也越来越专门化，这就使得人们更加需要通过人际交往来加强协作。对于广大青年学生来说，广交朋友，增进友谊有利于情感的交流和信息的沟通，有利于实现交往双方的互利互惠，从而增强个体的社会适应能力。在交往的过程中，交往双方应本着坦诚相处、平等对待、相互理解、相互支持的原则，这样就能增加友谊感。人与人之间有了深厚的友谊，就能携手克服困难，共同走向成功的彼岸。

2. 交友心理分析

在人际交往的过程中，有相当一部分是以结交朋友、寻找友谊为目的的，我们称之为交友活动。交友心理因人、因时、因地而异，常见的有以下几种：

一是交友的共鸣心理。相似性是人际吸引的重要原因，当相似性达到一定程度并不断交往时，就会产生共鸣，而心理共鸣正是人们结交朋友的重要内驱力。交友共鸣有人格共鸣、兴趣共鸣、思想共鸣、境遇共鸣等几种类型。共鸣在继续交往的过程中实现沟通，沟通可以强化吸引力，达到交友的目的。

二是交友的补偿心理。当人与人的能力、气质、性格等特点可以满足对方的需要时，人与人之间就趋于相互依赖、相互补偿。补偿心理是相对而言的：一方面，只有补偿能够满足对方需要时，才会产生喜欢和产生友谊；另一方面，补偿的范围是有选择性的，不是一切范围内都适用。如创新与保守的人不仅不能补偿，而且可能在思想和行为上形成对立。

三是交友的趋望心理。这是指在交友的过程中，趋于结交有名望者的心理，如渴望结交作家、明星、英雄等。趋望心理源于人们的自尊心。同有名望的人结交一方面可以激励自己有追求功名的动机、行为；另一方面，可以通过与名人的交往，提高自己受尊重的程度，这对自尊心来讲是一种满足。

二、群体意识

1. 群体意识的概念

群体意识是指群体成员有基本统一的思想、观念以及与此对应的行为方式，对群体有认同感和凝聚力。群体是由个体组成的。青年学生群体可按照不同的标准，从不同的角度进行分类。按群体的性质和结构方式可分为正式群体和非正式群体；按群体人数多少可以分为大群体和小群体；按群体发展水平可分为松散群体、联合群体、集体等。群体的存在对社会和个体产生着重要影响，群体健康发展，群体意识越强对社会的促进和个体的成长作用就越大，反之亦然。

2. 群体意识的培养

青年学生群体意识的培养应着眼于以下几个方面：

一是强化目标意识，增强群体凝聚能力。共同的利益和目标是形成群体意识的基础，群体要时时刻刻强调这种共同的利益和目标，鼓励群体成员朝着正确的方向前进，心往一处想，劲往一处使。群体目标必须正确而适当，才能对群体成员有凝聚力。群体目标要坚持群体与个体相结合，它的设计和实现都应发动成员参加。

二是积极开展活动，增强群体成员的归属感。群体的存在形式是活动，开展多种形式的活动是青年学生培养群体意识的重要途径。一个良好的班集体往往通过组织多种形式的活动来联络群体感情，培养群体中成员的群体意识，如联欢会、交流会、体育竞赛等。青年学生受群体的委托去完成某项任务，既能发挥专长、受到锻炼，也能为群体做出贡献，又有助于增强个体的责任感和荣誉感。此外，群体还要多给予成员关心和帮助，使个体感受到群体的温暖和力量，从而对群体充满希望。这样群体成员才会有强烈的认同感和归属感。

三是树立积极的群体规范和正确的群体舆论。它对群体成员有熏陶、感染和约束作用，是群体健康发展的催化剂。树立积极的群体规范和正确的群体舆论是形成良好的群体心理氛围的基本保证。它能树立正气，打击邪气，培养和改变群体成员的情感、思想和观念，从而增强群体意识。

此外，群体意识的培养还需要群体成员正确处理群体利益和个人利益的关系，当个人利益与群体利益发生冲突时，个体要乐于奉献、勇于牺牲。

第十章

实践活动中长才干

实践活动是指按照中国高等教育培养目标的要求，对在校学生进行的有组织、有计划、有目的的深入实际，深入群众，主要依靠社会力量完成的一种贯彻思想政治教育、培养综合素质的活动。在新的形势下，实践活动作为中国高等教育的一个重要环节，在提高青年学生综合素质方面起到了其他形式所不可替代的重要作用。

第一节　实践活动是人才成长的有效途径

成才对每一位大学生来讲都是美好的愿望，然而，怎样做才能成为国家的有用之才，却是青年学生应该认真思考和严肃回答的问题。从成才的条件看，它包括主观条件和客观条件，重要的是善于把这两个方面结合起来。主观条件主要是指人的基本素质和个人努力程度；客观条件主要是指时代和社会的需要以及社会环境和人际关系等。实践是人的主体活动，是连接主观和客观的中介。实践不仅能出真知，而且是人的各种能力发展的必要途径，是磨炼人的意志、完善人的性格的重要手段，是人成才的必由之路。

一、实践是实现人生价值的根本途径

劳动、创造、贡献是人生价值的基本标志，它既是人生的基本需要，也是人的本质的体现。巴斯德有这样一句名言：“立志、工作、成功，是人类活动的三大要素。立志，是事业的大门，工作是登堂入室的旅程，在这旅程的尽头有个成功在等待着，来庆祝你的努力的结果……”实践是人身价值实现的根本途径，是理想的人生价值向现实的人生价值转化的“桥梁”。作为个人，要想实现自己的人生价值，就必须重视实践、勇敢地投身实践。这是因为：

第一，投身实践是实现人生价值的起码要求。实现人生价值以认识人生价值为前提，没有对人生价值的正确认识，就不可能有对人生价值目标的正确选择；没有对人生价值的深刻认识，就没有把人生目标付诸实践的高度自觉。而正确的认识只有在实践中才能获得，深刻的认识也只有在不断的实践中才能形成。实践是检验个人能力的一块试金石，个人的能力只有在实践的过程中才能得到确认或检验。在实践中，才能进行自我能力的检验，在实践的过程中，才能感知自我的不足或可提升的空间，从而在实践中积累自信，锻炼自我品质，加强自我个性的完善，提高自己的综合实力。同时，只有通过实践，才能对现实自我、现实客观世界有一个直接的客观的认识，而后者是青年学生走向社会必须经历的艰苦过程。唯有此，才能较好地确定自我的发展方向，明确自己的努力方向，找准自己的立足点，从而完善自我。

第二，投身实践才能检验所确立的人生价值目标。实现人生价值，要求人们所确立的目标具有正确性、符合客观实际。如何检验这种目标是否正确、是否符合实际，只有实践，离开了实践，就无所谓检验。邓小平同志曾说：实践是检验真理的唯一标准。这也是辩证唯物主义的基本原则。青年学生正处于世界观、人生观形成的关键时期，个人所确立的人生观是否正确，自己所坚持的原则是否正确，能否得到周围同学或老师的认可，最关键的是要将自己所坚持的原则运用到日常生活中，拿到社会实践中去检验一下，这样，既可以矫正自己对事物的判断分析方法，又可以在实践中运用所学知识进行第二次的理论与实践的有机结合，有利于青年学生克服眼高手低、说得多做得少的通病，有利于自己制定更切合自我个性发展的计划，有利于青年学生所确定的目标的顺利实现。

第三，实现人生价值的过程就是一个不断实践的过程。实践既是实现人生价值的根本途径，也是实现人生价值的唯一途径。只有投身实践，不断地为社会做出贡献，努力使自己不断得到充实和完善，才能逐步实现自己的人生价值。事实上，每个人都是在具体的实践过程中不断总结提高、不断自我矫正自我个人计划，协调与周围同学、同事或竞争伙伴的相关社会关系中，进一步改善自己的工作、生活环境，从而为更好地完成任务、实现自身价值做准备。

二、实践是全面提高青年学生素质的有效途径

教育素质化是当前我国教育改革的一个重要方面，是社会发展到一定的历史阶段对人才培养提出的新要求。对素质教育的构成具有代表性的说法是1996年21世纪教育委员会在中国召开的人才素质理论研讨会上提出的七条要求。即：①积极进取的开拓精神；②崇高的道德品质和对人类的责任感；③在急剧变化的竞争中有较强的适应能力；④宽厚扎实的基础知识和广泛联系实际解决问题的能力；⑤终身学习的本领，适应科学领

域综合化的发展趋势；⑥丰富多彩的健康个性；⑦具有与他人进行协调和进行国际交流的能力。一些学者把它归纳为：思想素质（思想品质、行为规范、先进意识和情感艺术等）、业务素质（知识技能、各种能力和创新思维）、身心素质（健全的体格、意志力、个性和独立性等）。实践教育和实践锻炼是青年学生提高综合素质的有效途径。

1. 实践有利于优化思想素质

高尚和进步的思想道德修养是在实践中形成的。正如马克思所说："那些发展着自己的物质生产和物质交往的人们，在改变自己的这个现实的同时也改变着自己的思维方式的产物。不是意识决定生活，而是生活决定意识。"许多伟大的人物之所以能在思想道德方面为我们树立起不朽的榜样，固然与他们刻苦学习科学文化理论知识、具有远大的理想和宏伟的目标、善于广泛汲取前人的思想道德修养方面的成功经验有着密不可分的联系，但是，关键还在于他们积极投身于社会实践，能够做到理论和实践相结合，目标和行动相一致，是在实践活动中逐步发展形成的结果。思想品质、行为规范、先进意识和情感一样也无不是来源于实践并在实践中加深认识并逐步升华的。同时，实践也是检验一个人思想道德水平的唯一标准。马克思说，一步实际的行动比打一个纲领更重要。对头脑正常的人来说，判断一个人当然不是看他的声明，而是看他的行动；不是看他自称如何，而是看他做了什么。我们青年学生常常敏于知而拙于行，勤于嘴而惰于动，究其原因多是因知之不明而怕于行，不得真知又少于行的缘故。要做一个有修养、具有较高思想素质的大中专学生，就要按照一个大中专学生的行为规范、思想要求来约束自己，修养自己，并在德育实践中锤炼自己，增加自己的行动自觉性。

2. 实践有利于提高业务素质

参加实践的过程往往也是检验自己所学专业的掌握程度与欠缺与否的过程，同时也是学习新的技能、培养各种能力和创新思维的过程，另外，也是培养正确的职业心理的过程。大学生的职业实践是多方面的，如专业实验、专业实习、专业调查、毕业实习、毕业设计（论文）等等。这些实践活动的开展，都让青年学生经历了由浅入深的认识过程。每次活动中，每个好的思想，好的经验，每一个失败的教训以及克服困难而取得的成果，都是经历了他们内心的体验而形成宝贵的精神财富，它会深深地扎根在心里。尤其是社会实践更不可少，因为它可以使青年学生直接接触社会，直接听到现场各方面人员对专业技术和专业需求方面的要求，促进他们认真反思，尽快提高自己的业务技能、业务水平，调整自己的职业心理，以达到社会的要求。

大学生到临近毕业时无疑具有了相当的知识积累，但并不等于具有了较强的实践能力。知识并不能简单地与能力画等号。如果让自己的头脑成为一座单纯的知识仓库，而不注意在理解、掌握和运用知识过程中自觉锻炼、开发能力、开发智力，那么知识将会变得无用。知识和能力是辩证的关系，从一定意义上讲，能力比知识更重要，从掌握知识到形成能力，期间一定要有技能作为中介，而技能的获得则又必须通过实践活动。有的专家指出："真正富有挑战意味的题目往往来自实践，敢不敢面对实践提出的难点并加以解决，这才是真正的水平。"

3. 实践活动有利于改善和开发身心素质

社会实践、军事训练、劳动锻炼虽然是短暂的，但却会给大多数青年学生留下终生难忘的回忆。它不但锻炼和检验了青年学生的身体素质，加深了青年学生的意志力、个性和独立性，同时在思想上得到了升华。青年学生经历了曲折、坎坷、艰苦的实践，无异于被施加了心理上的预载荷，从而产生了内在的预应力。很多心理学家对非智力因素做过研究（非智力因素主要指个体的情绪、意志、人格等因素），认为非智力因素与成就关系密切，与创造能力关系密切，并在成就与创造活动中起着重要作用。心理健康与优良的非智力因素的培养主要靠实践。通过个体与外界环境如自然环境、社会环境发生关系、相互作用，才能取得与外界环境的平衡与协调。同时，还能随环境条件的变化而不断调整自己的内部心理结构以达到与外界的新平衡。古人认为："为学不先治心养性，决无入处。性情尚不合道，而百行皆失中庸之道矣。故学当先养心性。"修养身心，培养正确的世界观、人生观、价值观，不断自我调适，主动自觉地改变自己或改变环境，使个人与环境尽可能地保持协调，要利用多种机会，到工厂、农村、部队去，到艰苦的地方去，在社会实践中增加挫折经验，增进心理健康。在实践中加强思想修养，加强自己人格品质的锻炼。

第二节　青年学生实践活动的基本形式

大学生实践活动包括两大类：一类是教学计划内的实践环节，主要有劳动教育、军事训练、实验教学、专业实习、社会调查、毕业设计（论文）等；一类是教学计划外的实践活动，包括各种类型的校园活动、社团活动、社会考验、社会服务、勤工助学等第二课堂和社会实践活动。

一、教学计划内的实践环节主要有以下几种

1. 专业学习

专业学习，包括认识学习、生产学习、毕业实习等，是教学计划内实践活动的主要形式，是把现实的社会生产引入教学，对学生进行思想政治教育、职业道德教育、专业教学和职业训练的基本环节。各高等学校根据教学计划，分阶段、有目的地组织大学生到与本专业有关的生产或工作现场参加生产劳动和社会实践，进行专业岗位实习。在专业实践中，大学生既可以验证、巩固自己所学的理论，加深对专业化知识的理解和吸收，通过实践为自己的认识向更高以及转化奠定基础，同时又可以培养自己的独立思考、实际动手能力。

各种类型的专业实习，按照传统的做法是分三个阶段进行的。如工科类院校基本上是按照认识学习、生产实习和毕业实习三个阶段进行；农林类的院校是按照基础实习、专业实践和综合实践三阶段进行；医科类的院校则是按照课程学习、临床实习和毕业实践三步走的；师范类的院校则是教育见习、中学教育实习和毕业调查；等等。尽管各科类的各阶段的实习名称不一，但实质和内涵基本上是相似的。各科类的专业实习，按其安排方式可分为分散与集中两类。从其生产、科研的结合可分为生产任务型实习、科研型实习、模拟型专业实习、社会调查等方式，每一方式的具体实施是灵活的，按各专业的实际情况进行选择和安排。

2. 社会调查

社会调查是指大学生运用所学知识，以科学方法论为指导，对有关社会现象或社会问题，深入实际进行调查研究，从而对调查对象的起因、形成和发展做出科学描述与分配的一种社会

活动。社会调查是大学生进入社会、观察和认识社会现象的一种重要途径。社会调查能使青年学生正面接触社会、认识社会。社会调查就其本质上来说，是实现理论与实际相结合的重要途径，它有利于青年学生确立正确的人生观，培养科学的思维方式，提高分析问题、观察问题和解决问题的能力，学会适应社会和学会做人。实践证明，社会调查不仅能使大学生的智能结构更加合理化，而且是提高综合素质的有效途径。

大学生社会调查的活动应根据专业方向和培养要求，从社会实际出发，主要宜与课程学习相结合，选择和确定活动内容。要根据选题和内容的不同选择合适的调查类型。社会调查主要包括综合调查、专题调查、跟踪调查三种形式。大学生要充分利用假期进行社会调查，在假期进行调查前，可以在指导教师的指导下，选择、确定合适的调查课题，有组织或分小组进行调查；利用寒暑假时间较长的特点，深入到某一个地区或某一个企业、农村，做综合调查或专业调查。通过这种调查，往往能发现一些真正有价值的社会问题。同时，也能提高、锻炼个人的观察、分析、解决问题的综合考察能力。所以，大学生应该积极参加这种形式的社会调查。

3. 军事训练

《中华人民共和国兵役法》规定：“高等院校的学生就学期间，必须接受军事训练。”“高级中学和相当于高级中学的学校，配备军事教员，对学生进行军事训练。”军训，目前已经成为大学生生活的第一课。紧张的军事生活，严格的军事训练，丰富多彩的军事学习，可以培养青年学生的国防意识和国防观念，增强集体主义观念和组织纪律性；能够健全青年学生的个性心理，磨炼他们的意志，培养他们顽强的意志和吃苦耐劳精神，促进青年学生确立正确的人生观、价值观。一个多月的军训生活是短暂的，然而，它对每一个大学生来说，是难忘的又是至关重要的。这种把军事知识教学、军事训练、军事化生活和思想政治教育融为一体的综合教育形式，不仅是和平时期寓兵于民的一种方式，也是人才培养的一种重要形式，这种形式目前已经为世界上许多国家所采用。

4. *劳动教育*

生产劳动和公益劳动是大学生按照计划进行参加的、为社会服务的一种无偿劳动。在现行教学计划中，公益劳动多数学校规定为一至两周时间，一般安排在校外卫生、绿化美化校园以及一些服务性的社会公益劳动和生产性的公益劳动，包括为军烈属、病人、残疾人、孤寡老人做好事，社区服务以及为厂矿、农村生产支援劳动力等。它的目的是培养学生的劳动观点、群众观点、无私奉献精神和为人民服务的思想，使学生逐步养成艰苦奋斗、勤俭朴素的思想和作风。劳动教育是对学生最基本的教育，也是学校教育中最容易被忽略的地方。教育与生产劳动相结合是大学生实践的长远目标，只有培养学生热爱劳动的良好习惯，才能培养学生良好的品质，劳动教育应成为大中专学生的必修课。

5. 毕业设计（论文）

毕业设计（论文）是大学教育的重要环节，也是大学生从学习走向工作的重要过渡。通过毕业设计或毕业论文，可以使大学生进一步了解国情、社情，熟悉了解未来的职业，强化敬业精神，促进自身社会化，同时也是对在校学习的一次全面检查、总结和提高。综合运用所学知识和多种能力的发挥，为毕业后参加实际工作打下良好的基础。由此可见，毕业设计或毕业论文是思想性、实践性、创造性很强的一个教育过程，是理论联系实际、对大中专学生进行全面训练的重要途径。

二、教学计划外的实践活动主要有以下几种

1. 第二课堂活动

所谓“第二课堂”，主要是指在现有教学计划和教学大纲之外，在学校和老师的指导下，由学生按照兴趣、爱好和特长自愿地组织起来的、在课外时间进行的多种多样的学习和实践活动的形式。它主要包括两个方面：一是校内的课外活动，主要指校园文化活动；另一个是校外活动，主要指社会实践活动。大学生第二课堂活动内容极其丰富，校内活动主要有以下几类：

（1）各种学科小组活动与科技活动。指按照学科划分组成的各种兴趣小组和协会、沙龙等活动以及诸如电脑培训、英语培训、公关礼仪培训、科普培训讲座、科技节等等。

（2）德育教育与实践活动。如时事报告、主题班会、周末系列讲座、演讲会、辩论赛、献爱心等活动以及各种政治研讨会等。

（3）各种文艺、体育活动。大学生开展各种文艺、体育活动是比较普遍的，且为广大学生所喜闻乐见，有利于他们施展身手。如各类球赛、棋赛、运动会、书法比赛、漫画比赛、周末晚会、文艺会演、艺术节等等。

（4）各种评比、竞赛活动。各种评比、竞赛活动既适合青年人的特点，又有利于校园文化建设、校园精神文明建设。比较常见的有“文明宿舍”、“文明班级”以及吸纳进个人的评选活动。通过竞赛，评选最佳舍长、舍员、辩手、演讲者、歌手、球星等。

（5）各种劳动和勤工助学活动。参加生产劳动和公益劳动如参加厂办劳动、参与学校管理、组织自我服务活动以及参加校内各种有偿和无偿的劳动，有助于增长知识和才干，确立正

确的人生观和价值观。

“第二课堂”的活动还包括校外课外活动。主要有社会考察，青年志愿者活动，文化、科技、卫生“三下乡”活动以及校外的社团活动、勤工助学活动等社会实践活动。“第二课堂”活动只有在满足大多数同学的需要的前提下，才能做到有声有色，富有活力；只有积极开拓校外活动的渠道，让青年学生在社会实践中学习，才能收到良好而深刻的锻炼和教育作用。

2. 社会考察

社会考察主要指组织青年学生利用寒暑假到企事业单位、农村、革命老区、当地社区等，进行参观、访问、调查、服务，接受社会主义、爱国主义、集体主义教育，达到认识社会、了解农工、锻炼提高的一种社会实践活动。社会考察也是一种社会调查，为了区别教学计划内和教学计划外的两种社会实践，我们把教学计划外的社会实践调查称之为“社会考察”，以示两者的区别。

社会考察的形式和内容是极其丰富的，如文化、科技、卫生“三下乡”活动、青年志愿者活动等等，通过为社会、为人民服务来磨砺自己，升华自己的职业理想，调整自己介入社会的方式。此外，一些大学生还利用假期或实习的机会，浏览名胜古迹，参观现代化建设的大工程，了解我国现代化建设的巨大成就和我国各民族光辉灿烂的历史文化，从中激发爱国主义热情，坚定对改革开放的信念。社会考察是青年学生直接投身社会、观察和认识社会，从社会汲取营养，进而开阔视野，实现自身思想转变和改造社会的一条重要途径。

3. 学生社团

学生社团，作为第二课堂和社会实践很重要的一种形式，近年来得到了蓬勃发展。它是大学生自发组织的，为满足学术、文艺、娱乐以及各种能力的培养、提高所出现的群众性团体。学生社团主要有以下几种类型：

一是专业学术社团。如文科类院校，政治系有政治科协、教育系有教科社、地理系有地理学会、中文系有小说、散文协会、工商管理专业有经济学社、管理协会等等；理工科院校，机械系有汽车科技中心、计算机系有计算机爱好者协会、桥梁系有桥梁兴趣中心等等。这类专业社团通过作品交流、知识讲座、参观考察、展览、服务等活动，使社团成员学到更多与专业知识相关的东西，或把专业知识运用到实践中，从而使所学知识不断得到巩固和提高。

二是文化型社团。其目标是满足成员的各种文化需求，各种文化、娱乐社团均属此类。如参加生命科学协会，可以从一些生物化石的展览、研究中了解生物发展进程的一些规律。参加集邮协会，可以学到集邮的一些基本知识，并通过邮展，了解到一些历史史实、风土人情等，从而丰富了知识，开阔了眼界。英语俱乐部、棋社、各类球协、合唱团、管弦乐队等都对繁荣文化校园、培养一专多能、多才多艺的人才提供很好的基础和条件。

三是政治型社团。其目标是对国内、国际政治问题进行思考和探索，从而深化认识。对政治感兴趣的同学参加到马列主义理论研究会、中国发展战略研究会、政治科协等社团，可以使青年学生一方面具有高度的政治热情和强烈的参政、议政意识，另一方面又感到政治问题非常敏感，不易把握。因此，可以从有关知识讲座、时事报告、政治理论研讨来了解国内外政治风云变化的前因后果，以加深政治理论修养。

四是经济型社团。以躬身力行、参与经济活动为基本活动内容，其目的是培养成员的劳动观念。如科技咨询推广中心、智力开发服务公司、模拟公司等等。经济型社团的兴起和发展，标志着青年学生价值观念的变化和时间观念的增强。

由于学生社团种类多种多样，有学术类、文艺体育类、语言文学类、艺术类、竞技类等，广大学生可以根据自己的需要和爱好加入相应的一些社团，对于培养和锻炼自己的社交能力、组织管理能力、演讲与表达能力、科学思维和实际行动能力都能起到积极的作用。

4. 勤工助学

勤工助学是以勤工为手段，以助学为目的的一种有偿的社会服务活动。勤工助学作为一项特殊的社会实践，不但能在一定程度上解决青年学生学习费用的拮据问题，而且有助于青年学生认识国情，完善智能结构，提高心理素质，这种意义是重大的。

勤工助学的形式是多样的，按其活动性质可以分为以下几种类型：

劳务型。如承担校内清洁卫生、美化绿化校园、食堂帮厨、校内基建维修、校办厂生产劳动以及校内外饭店、商场当服务员、营业员等。

智力型。如担任校内行政、教学、科研助理；参加本校有关部门或校外企事业单位的调查研究、科研开发、规划设计、实验研究、管理等技术工作；编辑学术期刊或科普材料；担任家庭教师、文体教练、外文翻译，等等。

服务型。利用课余时间参加的服务性工作，如洗衣、理发、缝纫、编织、摄影、导游、打字、家电维修以及应聘到本校各部门承担服务性管理工作等等。

商务型。从事推销、代销商品业务，如开办商店（商业报亭）、推销日用品、学习用具、衣物、书刊以及为一些企业进行营销业务等等。

上述四种类型的勤工助学活动，按其适应范围又可以归纳为两个层次。一是比较简单的社会服务工作，适用于年级较低的同学参加，以培养自己的独立能力和社会责任感；二是比较复杂的社会工作，主要是知识能力输出形式的，适用于高年级的同学参加，将经济效益与多种能力结合起来，灵活运用于日常校园生活或工作。

随着社会主义市场经济的逐步建立和完善，大学生的主体意识、参与意识、竞争意识将会不断增强，他们将纷纷寻找适合自己的舞台和位置，积极在参与各种社会实践中去丰富自己的阅历，砥砺自己的品质，完善自我的个性，不断提升自我的综合素质，以求得最大限度地在竞争日益激烈的社会生活中找到能够更好发挥自己特长和优势的机会和工作环境，使自己的能力不断适应急剧变化的社会对当今社会新型人才的要求和需求。同时，大学生在不断提高自身素质的过程中，通过反复的实践和磨炼，综合素质也会得到不断提升，逐步成为建设和谐社会所需要的有用人才，并为自己的下一步发展奠定较坚实的成才基础和能力基础。

第三节　青年学生实践活动的心理分析

大学生作为跨世纪的一代新人，一方面面临转型期社会面临的一系列问题，如就业压力、人际关系、团体压力、经济压力等，另一方面，又面临着即将走入社会，面临职业、恋爱、婚姻等问题，无论是社会还是个人发展都要求大学生具备良好的综合素质和能力，特别是需要具备良好的心理素质，才能正确面对日趋激烈的竞争和日益严峻的挑战。实践活动是人类认识世界的唯一源泉和检验标准，也是人们能力发展的必由之路，更是完善和发展人的心理素质的不二法门。

一、实践活动对大学生思维、行为方式的影响

当代大学生与往届的大学生及同龄的青年相比，在思维方式上，有一些明显的优势。如思维敏捷、概括性强、富有创造力、知识结构较合理、逻辑思维能力强、善于独立思考、富有批判性等等。

当代大学生的这些共有的个性特征，在日常的社会实践中已经得到了较好的证明，但是，当代大学生在社会实践过程中也存在着较明显的缺点。比如，由于当代大学生将各种知识、观点和方法兼收并蓄又缺少自己独特的观点，而往往在思维方式和具体的做法上存在着缺乏辩证唯物主义的批判意识。举例来说，比如：一是思维模糊性。青年学生往往喜欢运用某一个新观点进行思维，但又未能从概念的内涵与外延上予以明确，以至于造成许多概念性的东西含糊不清。有些人把“个人利益”与“个人主义”、“自我实现”与“个人满足”等表面相近而内涵不同的概念混为一谈，引起思想混乱。二是容易受西方文化的影响。大学生在构建自己的知识体系时，由于求知欲强、知识需求量大，但又缺乏客观科学的参照物，在表现出对新生事物的无限热情与认同时，往往会忘记本民族的文化背景和文化底蕴，常常表现为只要是新生事物就满腔热情的拥抱，而对传统的优秀的文化却熟视无睹，甚至淡漠缺乏兴趣。尤其是进入互联网时代，青年学生身上所表现出来的这一特征就显得更为突出。近年来，随着世界各国文化交流的日益常态化和规模化，对中华文化优秀传统的认识和民族文化的认同，在青年中有相当的人倾向是持消极态度的。当然，造成这一局面的原因很多，

但年轻人求新、求奇、追逐时代潮流的心理在其中起了一定的作用。对此，我们要有一种清醒的认识和客观的态度。那就是，对先进的科学知识我们不仅要学而且还要学好，关键是我们不能总是学习别人的东西而丢掉了我们民族的标签和符号，如果我们把自己的根本性的优良传统丢掉了，那么，我们将毫无疑问成为第二个印度——一个失去了本民族优秀文化且又找不到自己发展方向的国度。届时，即使我们学会了当今世界上最先进的技术，也只是一个二等公民，因为这就意味着，我们将不得不永久用别人的思维方式去考虑和分析问题，意味着别人怎么说，我们就得跟着怎么做。这并不是危言耸听，事实上，接受一种他民族的文化语言，实际上，最根本的前提是，你要认同这种语言的思维方式和对方的强势地位。在今天地球村已经变得越来越小、世界各国的发展错综复杂、世界局势动荡不安的时代背景下，作为有着五千年悠久历史的炎黄子孙的后代，尤其应清醒地认识到自己所承载的历史的重托。近年来，随着国际市场的开放和文化多元化因素的影响，在大中专学生的课外阅读书目上，西方哲学类、文艺类的书籍始终占据了很大的比重，而音像制品中青少年感兴趣的往往是“外来片”或港台片，观看录像、电影，更是成为大学生周末消遣的一个重要形式。西方文化的冲击对青年学生的思维方式的影响之大是不能忽视的。三是“边缘化”倾向。青年学生处在成人社会的边缘，一方面，他们已经脱离了少年，开始步入成人社会；另一方面，社会仍习惯地把他们当成乳毛未脱的“孩子”看待，还不能完全吸收他们加入成人行列。但是青年学生却已经开始用成人的眼光来审视现实，洞悉社会的弊端，并且常常以“社会批判”的方式来显示自己的存在，往往表现的慷慨激昂，往往自觉或不自觉地以“第三者”的眼光来观察社会，做出种种评论，而一旦接触社会，其想法又可能因为不切合实际，而成为“纸上谈兵”。这种思维方式上的种种缺陷，使得当代大学生表现出一系列的反差强烈的逆反现象，必然对他们的成长带来不利的影响。而实践活动在转变他们的思想认识、促进他们的社会化的进程中，发挥了重要的作用。具体表现在：

第一，实践活动对青年学生的思维方式具有明显的矫正和改善作用。实践活动有助于青年学生加深对理论的理解，从而在感性认识增加的基础上，逐渐形成正确的概念、判断和推理。马克思主义认识论认为，人的认识要经过由感性上升到理性，再回到感性三个阶段，从而实现由具体到抽象再到具体的两次飞跃。大学生因为缺乏实践经验，因此在“具体－抽象－具体”的思维链条上，“具体”一环常常残缺不全，或失之片面，或失之肤浅，从而导致整个思维的缺陷。他们在分析问题时，往往习惯于从抽象的定义、概念和理论出发，用早已在头脑中形成的模式去套用已经被抽象化的现实，从而得出较轻率的结论。这样，在客观上就形成了“抽象－抽象”型的思维模式，因而往往导致青年学生在许多问题上所持的观点偏激、空洞、缺乏论证性和现实操作性。通过社会实践活动，他们可以利用在实践中获得的丰富的感性材料来充实思维的链条，逐渐形成“具体－抽象－具体”型的思维模式。

第二，社会实践活动有助于青年学生实现由形式逻辑思维到辩证逻辑思维的飞跃。哈佛大学心理学家威廉·佩里探讨了15岁以后的青少年特别是大学生思维发展的特点。他将青年学生的思维发展分为四个阶段：（1）两重性阶段。两重性的推理是以对与错的形式出现的，即青年学生在判断问题时，往往采取以下思维方式：“非对即错”、“非此即彼”。这个阶段的青年学生的思维比较简单，思想容易极端化。（2）多重阶段。青年学生在这个阶段上越过了两重性，认识到事物的复杂多样性，知道采取不同的方法，但是还是不能够得出清晰的意见和结论。多重阶段是由形式逻辑向辩证逻辑的过渡期。（3）相对性阶段。在此阶段，青年学生在进行逻辑思维时，知道通过感知、分析、评价，认为事物可以理解的，认识到价值是相对的。“一切都要看情况而定”是这一阶段青年学生的思维特点。在这一阶段大学生的思维基本上属于辩证思维。（4）约定性阶段。在这个阶段，青年学生已经注意到理论思考中的“约定性”，认识到自己采取的立场、观点对事物的认识会产生影响，即开始意识到理论的运用性问题。不同的世界观，会产生或导致不同的认识论。青年形式开始自觉地运用马克思主义世界观来指导实践，从而使思维水平超越了相对性阶段，达到了更高层次的“约定性”阶段。他们此阶段的社会实践活动在由第一、二阶段向第三、四阶段过渡中，起到了明显的作用。社会实践以后，青年学生思维迅速地过渡到第三、第四阶段，他们的想法开始趋于现实化，现实的苛刻和实践的艰辛，启迪着他们，增强了大学生对现实社会的认同感，而丰富多彩的现实正是辩证法最丰富的源泉。学习实践活动和社会实践活动使得青年学生的主体意识逐步形成，并朝着辩证思维的方向越来越靠拢，最终形成辩证思维的习惯。

二、个体自我－社会实践－社会自我

社会实践是主观自我与社会自我走向统一的关键。主观自我是个人对自己的认识和评价；社会自我是社会上其他人对自己的认识和评价。青年学生自我意识的发展，突出地反映在自尊心的发展、自我意识以及自我塑造的意愿上。自我意识的强化，使青年学生面临着“我的价值是什么?”、“什么样的自我存在才是最有意义的?”等一系列问题，这些问题决定着青年学生的思维方式和行为方式。“自我意识－自我设计－自我实现”的模式，作为青年学生心理发展的一个阶段的产物是可以理解的，但在具体的实践中则会导致种种弊端，如“个人主义”、“非道德主义”、缺乏合作精神等，这些倾向必然和社会的要求格格不入，其价值观念同社会需求间也存在着这样或那样的差距。因此，提倡大学生参加社会实践，是由于青年学生缺少社会经验，缺乏社会环境的影响，缺少各种社会关系的制约，缺少各种社会利益的思考，目的在于让青年学生尽快地了解社会的政治、经济、道德、文化对他们的要求，从而达到以下几个基本的目标：第一，能够觉察到个体发展必须属于一定的社会群体。这种群体意识应具体到社会进步性，否则，个人的发展是不可能的。第二，能够觉察到个体在群体中和社会结构中的地位，即对自己的社会角色的认知，增强社会责任感、集体感以及学会尊重他人。第三，能够觉察并想象到他人对自己和自己对他人的态度及行为之间的相互反应，从中掌握或预测不同的人的反应，以调整自己的言行，并保持自己正常的人格。第四，能够觉察到他人对客观事物的情感体验和行为，从而有意识地与他人进行情感交流，扩大交往范围，建立必要的社会联系系统。大学生作为人的社会化过程的一个主要阶段，其目标主要是培养能适应社会的人，能进行各种职业选择和行业转换的人，能改造社会和建设物质文明与精神文明的人。通过进行社会实践活动，许多青年学生学到了许多在书本上学习不到的东西，在实践活动中进一步加深了对个体自我的感知，从而在实践中达到认识自我、反省自我的作用，进而看到了主观自我与客观自我或社会自我的差距，认识到了个性要寓于社会性这一根本原理，增强了社会适应性。所以，从这个角度来看，今天大学生参加社会实践活动更需要具有主动性、自觉性和坚持性。

三、实践活动是能力培养的必由之路

能力是人顺利完成某项活动所必需的直接影响活动效率的个性心理特征。能力与活动紧密相连，它决定着心理活动和行为活动和行为的可能性。只有通过活动才能发展人的能力和了解人的能力。

1. 实践活动可以培养青年学生的贯彻和连接能力

所谓贯彻和连接能力，就是人们能够将自己认识理解的东西用于指导自己的社会实践活动，从而达到知与行的合一。这种能力的获得主要是靠后天有意识地培养。实践活动是人们主观见之于客观的活动，其过程就是人们的主观思想对象化、目标化、物质化。因此，只有在实践活动中，人们的主观思想和行为系统才能有效地连接起来，并且相互作用、启发、参照和验证，也只有在社会实践活动中，才能培养人们的贯彻和连接能力。这就要求青年学生把反思的结果、所学到的新知识、所发现的道理、所形成的观念在实践中与其相适应的行为连接在一起来验证和鉴别，并把实践反馈回来的信息经过修正后再次运用到实践中去验证。“认识—实践—再认识—再实践”循环往复，这样，人的思想认识也就趋于真理，人的行为也就逐步与思想认识保持一致，而不会相互脱节。我们应该反对那种只说不做、只知不行的表现，要避免做“说话的巨人，行动的矮子”。事实上，知之不行就不如不知，无知之行犹如盲目之行，都会给人们的生活带来极大的消极影响和副作用，这些都应该在社会实践活动中引以为鉴。切记“行就是社会实践的过程”。

2. 社会实践活动可以培养青年学生的统摄、控制能力

统摄、控制能力即果断抉择行为的方向、迅速改变行为方式、有效地发动和制止某种行为的能力，与之相反的，就是犹豫不决、感情用事、陷入泥潭而不能自拔。统摄、控制能力是由意志调节的情感和理智是否平衡来决定的。大学生学习期间，是青年学生德、智、体、美、劳全面发展的关键时期，在这一阶段：一方面由于各种复杂的心理矛盾的增加，需要青年学生做出更大的意志努力；另一方面，青年学生青春期的身心巨变、情感的波动，也需要青年学生增加意志的控制力。一些学生往往因感情上不能很好把握自己，无意识的一些习惯性细微行为得不到及时控制，造成始料不及的破坏性效果，从而偏离了当初良好的主观预期愿望。心理学证明，认识过程本身不具有控制感情、情绪的作用，而必须由意志这个中介来完成。意志品质包括意志的自觉性、果断性、坚持性和自制力。一个人的意志由脆弱到坚强必须通过实践活动的具体化、对象化过程来完成，在具体行为的成功或失败的磨炼中，在坚持不懈地把自己的理想贯彻到行为的过程中，才能得以实现。从一定意义上来说，人们在实践活动中，实现着自己的意志目的，又在一定的社会实践活动中锤炼着自己的意志。

3. 社会实践活动可以培养创新的能力

创新应该是未来社会人才素质的主要特征。在当今社会中，各种知识的老化期大为提前，人的技能也正以前所未有的速度被迅速淘汰。20 世纪 90 年代，美国的经济至少创造了 4000 万个就业机会，其中，40% 以上分布在软件、计算机、电信、医疗保健和药品行业，与此同时，大约 3000 万个就业岗位消失了。随着互联网、移动互联网技术的快速普及，将会有更多更快行业和领域应运而生。面对变化多端、难以预测的未来社会，

要求人们能够自己发现问题，进行自我思考、主动作出判断并采取行动，即应具备较好地解决问题的素质与能力。这种素质在很大程度上取决于一个人的创造心理。有专家把这种创造性誉为今后急剧变化的社会里的“生存能力”。创新意识只有在具体的研究和创造过程中，在对陌生的事物的大胆探索过程中，才能逐步培养起来。它是在条件相对不完善（或不完备）的环境中，在克服到达目的困难的过程中而形成的能动开放的心理定式。另外，创造活动本身就是一种高度复杂的意志过程，任何伟大的成就都是在同困难斗争中，凭借顽强的意志、坚忍不拔，勇往直前的精神所取得的，而加强社会实践锻炼本身就是培养意志的基本途径。行为的创新有时比思想的创新更为可贵，因为它更直接、更具有感召力、更富有激励的力量、更能迅速判断行为结果的正确与谬误，及时抓住时机以调整自己的行为方式。因此，只有在实践中才能出真知，才能培养创造能力，才能塑造新型人才。

4. 社会实践活动可以培养竞争能力

除了适应性和创造性外，竞争能力也应该是跨世纪的人才培养的一个基本素质。随着社会主义市场经济体制的建立和完善，随着国家整个就业机制与体制的深入改革和全面推行，大学生在今后的就业过程中的“双向选择”将不可逆转。一个公开、透明、公平、公正的就业环境将随着市场的主导性选择而逐渐展现在国人面前。在这样的大的环境背景下，大学生应该清醒地认识到，一个人如果没有强烈的竞争意识，就不可能成就一番事业。从理论上讲，这一理念现在已经被越来越多的大学生所接受，也已经成为社会的共识。但是，当真正面对社会为其提供的竞争机会时，许多大学生的表现还是有些差强人意。他们或顾虑重重，缺乏勇气，或担心竞争失败丢了面子而在同学面前难堪；或怕竞争伤了和气；还有的干脆早一些冠冕堂皇的理由来逃避竞争。如有的同学会以“不正之风干扰太大”，“我们又没有一定的社会关系做后盾”，“去也是白去，肯定会失败”等理由来逃避现实激烈的竞争。他们大都把不愿参与竞争的原因归因为外部环境，而唯独不敢面对的是自己的内心世界。尤其是一些学生在择业中遇到困难时，不善于调整目标、调整自我，而是自己给自己打退堂鼓，自己拱手让出竞争的机会。造成这一现状的原因主要有两方面：一是我国社会目前正处于急剧的社会转型期。这一时期，各种观念、各种思想纷至沓来，人们在刚刚解决完温饱问题后，一时之间，还没有一个清晰的下一步发展的方向，因此，难免会对人们的心理产生一定影响。另一方面，青年学生生活经历简单、社会交际范围窄，认识问题和分析问题的能力相对欠缺，以及青年学生的心理承受能力和抵御能力弱，忍受挫折的能力差，没有充分的独立自主能力和勇气，也缺乏实践经验的积累，以面对社会加速前进中所带来的现实问题。这些都会使青年学生在现实面前往往因心理准备不足而手足无措。因此，实践活动是培养青年大学生社会竞争能力的重要途径。青年学生的实践活动一般是在社会群体里同他人的接触和互动的过程。在新的社会大背景下，青年学生开放自己的多种感官，通过体验、探索和创新，同社会保持良好的接触，认识和了解社会。在社会大课堂中，实习社会规范，内化社会信息，培养社会角色，熟练专业和生活技能，确立人生信念，进而走向人的全面社会化。只有通过实践活动，他们的思想、目标、信念和行动，才能跟得上时代发展的脉搏，才能焕发出青年人应有的朝气与活力。当自己的愿望和社会发生冲突时，他们才能够及时修正自己、调整自己，以求得和社会发展相一致。大学生健康的心理是在各种社会实践活动中形成和发展起来的，又是通过活动强烈地表现出来的。只有在实践中才能建立和谐的人际关系，在与他人的交往中学会处理各种社会关系；只有在实践中才能正确地评价和分析自我，发现和把握自我的力量，即使遇到挫折、失意，也能够适度地掌握和控制自己的情绪，并保护好自己统一的、稳定的人格。反之，没有健康的心理就不可能有良好的竞争能力，也不可能主动地适应未来社会的需要。因此，高等院校要想使自己培养出的人才具备良好的心理素质，敢于竞争并善于竞争，最根本的途径就是要鼓励学生敢于实践，在实践活动中使学生发挥自己的主观能动性，发挥自己的聪明才智，在实践中锻炼自己的竞争力。唯有如此，高校才能不负国家和民族的重托，为党和国家培养出更多优秀的社会主义事业建设的合格接班人。

第十一章

美感心理与美育意识

美是客观存在的事物。它存在于大自然之中，如辽阔的海洋、壮丽的山河、蔚蓝的天空、秀丽的田园等，都是自然美的一面；美存在于艺术作品之中，如巧夺天工的雕塑、引人入胜的绘画、独具匠心的刺绣等，都蕴含着艺术美；美又存在于人类自身中，如美丽的容貌、匀称的体态、高尚的行为等，展示出人的外貌美、心灵美。

美感是在观赏自然、鉴赏艺术作品时产生的高级情感。例如我们看到了美丽的景色、可爱的人和阅读优秀的艺术作品时，有赞扬、有歌颂、有感叹、这种欣赏和评价所引起的共鸣，使人快乐，入迷、神往、敬仰、爱慕，这就是人的审美体验。这种对自然现象、社会现象和艺术形象所反映的主观感受、欣赏和评价，就叫美感。揭示美感的发展规律，分析其心理结构，培养高尚的审美情趣，对加速成才有促进作用。

第一节　大学生美感心理特征

爱美、追求美是人的天性。审美心理是在客观环境的熏陶下产生和发展的。

人在幼年时受到大人的教育和启示，能够辨别出这样的东西“好看”，那样的东西“不好看”；这种声音“好听”，那种声音“不好听”。这是审美心理发展的启蒙阶段。

进入少年期，随着生活面的扩大，对生活感性知识的增长，审美心理的发展比幼儿期更广泛、更全面、更深入，渐渐地能把自己所感受到的对美的体验，用比较抽象的概念确切地表达出来。例如说“高山是雄伟的”，“花朵是鲜艳的”，“歌声是优美的”等。审美感受开始从感性认识上升到理性认识，这是人的审美心理的一次飞跃。

到了青年期，由于年龄的增长，生理心理发展都日益成熟，同时，生活经验不断丰富，所以，表现出对美的事物的感受更加敏感，而且会产生浓厚的兴趣，并对美的事物产生能动的追求。一般来说，这一时期的人大都喜欢看小说、电影、戏剧，开始注意自己的衣着打扮，注意自身的修养，由对外在美的迷恋逐渐转向内在美的追求，审美情趣不断扩展，逐渐地发展对真、善、美的识别能力和评价能力。这是美感心理和理智感、道德感同步发展、和谐一致的重要表现。

大部分大学生处在青年中期，随着视野的开阔、知识面的拓展，既表现出与这一时期青年人相同的审美心理特点，同时也有其特殊之处。一般来说，大学生的美感心理特征表现为：

一、对人自身美的追求

所谓人的自身美，是由人体结构的生理美、修饰美、风度美及品德美所构成。生理美包括人的相貌美、身材美与皮肤美等，是人体的自然美。修饰美是指人的服装颜色、样式、发型和各种装饰等，是在人体自然美的基础上，根据各自所生活的环境、经济条件和爱好有意识的自我修饰。

风度美是人的精神美的外在体现。包括待人接物，举止言谈等。

内心世界美，也叫心灵美，指人的思想、意识、品德、情操的高尚和美好。在人体美中，大学生首先比较注重塑造自己的心灵美，因为心灵美贯穿在人体美的各个环节，体现在语言、行动上就为风度美。同时心灵美支配和调节人对生理美和修饰美的追求倾向及程度。俄国作家契诃夫在《万尼亚舅舅》中借剧中人的口说："人应该什么都美，容貌、衣服、心灵、思想。"做个心灵美，外表也美的人，是时代的要求，也是大学生对美的崇高追求。

二、对自然美的向往

自然美是指实物的美，它是以自然的感性形式而直接引起人的美感。例如，灿烂的阳光，青山绿水，花香鸟语等，都能使人赏心悦目、开阔胸襟，产生对生活的强烈的爱和渴望。

每逢春天来临，最先感受到春天气息的是青年人，尤其是大学生。他们利用节假日外出旅游、野炊、拔河、登山、采集动植物标本、放风筝等，年轻人那种特有的充满活力的兴趣、爱好、心境同美好的大自然融为一体，这种游玩戏耍，既得到了形式美的享受，也增长了知识，融洽了感情，陶冶了情操。

到大自然中去，开展各种活动，对大学生来说既有意义，又有兴趣，而且非常必要。观赏山川风光，游览名胜古迹可以增长知识，开阔眼界；开展步行、登山、拔河、球赛等活动，可强健体魄，陶冶性情。

三、对艺术美的探索

人类在揭开大自然奥秘的同时，也揭开了自己感官的丰富性。马克思曾经指出，人有音乐感的耳朵，能感受形式美的眼睛。人类不断改造自然，自然也日益赋予人类的审美能力和审美认识。当人的审美能力和认识达到高度统一时，不仅能再现自然美，而且还能对自然美进行改造和升华，达到艺术美的高度。

所谓艺术美，是社会美和自然美在艺术家头脑中的反映，经过艺术家的加工和理想化的概括，达到艺术的内容和艺术形式的高度统一。社会阅历增长，知识面扩大使大学生审美能力和审美认识不断趋于统一，提高了审美创造能力。他们在欣赏艺术作品的时候，不仅仅是吸收、感受，更重要的是注意分析、理解，从中发现问题，有所启发。这是一种创造意识的潜在动力，一旦得到发挥，就会一发而不可止，表现出卓越的艺术创造才能。

大学生对艺术美的探索和追求，主要体现在对艺术的欣赏和创作实践中。通过欣赏，汲取了知识、陶冶了情操，通过创作实践，不少学生已崭露头角，发表了一些对人生深有感受，对新生活充满憧憬，洋溢着浓烈的生活气息的文艺作品，这都是对艺术不断探索和追求的结果。

大学生的审美心理也存在某些弱点：

1. 在审美过程中带有一定的盲目性

审美过程是一个复杂的过程，有些大学生有时会被各种假象所迷惑而出现偏离现象，不加分析地推崇以“新”为美，以“奇”为美，以“怪”为美。个别人还盲目模仿西方人的装束、做派，违反我们民族的传统审美意识，使人难以接受。

2. 有些大学生过分注重外表美，忽视内在美

爱美、追求美本来是无可非议的，但如果把外在的、表面的东西，当作唯一的美，忽视美的另一个方面，就不正确了。在一些大学生中流行着这样一种说法：“人长得美不美，是先天

生成的，先天不美，后天没有办法改变；学识水平高不高，是后天学成的，暂时不高，以后还可以提高。”这种观点是片面的、孤立的，它忽视了美的本质含义。一个人的美是外貌美和心灵美的统一，人的外貌美，固然是一种宝贵的天赋，是形成人类的重要因素，但是，人美更重要的是心灵美。苏联作家奥斯特洛夫斯基曾说：“人生最美好的，就是在你停止生命时，也还能以你所创造的一切为人民服务。”一个人美不美，不决定于他的长相容貌，更不决定于金钱和地位，只有品德高尚、精神生活充实、知识丰富的人，才真正是永远年轻和美丽的。

第二节 美育与成才

美育又叫审美教育或美感教育，它的任务是培养人们对自然、社会生活和艺术美感的感受、理解和创造力。美育不只是让人们认识事物的外部表现，如色彩、声音、形象的美，更重要的是使人们认识那些蕴含在人和事物之中的内在美，即高尚的精神美、人格美、道德美。通过审美教育，大学生应培养鉴别生活和艺术中的美与丑、文明与野蛮、善与恶、高级情感与低级趣味的能力。我国近代教育家蔡元培曾对美育做过形象的解释：“美育者，应用美学之原理于教育，以陶冶情感为目的者也。”鲁迅先生早年也说，要“发扬真美，以娱人情”。美育既是美学中的重要内容，也是教育学中的不可或缺的组成部分。因此，学校在加强思想政治教育工作和对大学生进行德育、智育、体育教学的同时，还应当用马克思主义美学思想对大中专学生进行审美教育，使同学们在增加美感经验的基础上，培养出健康、积极、向上的审美情趣，从而使同学们增长智慧和才干，陶冶情操，促进身心健康成长。

一、美育对智力开发的作用

美的事物能够使人们不断开阔视野，调动想象力和创造力，从而促进智力的开发。构成人的智力结构的基本原理是观察力、想象力、创造力、记忆力和实际操作能力。人们认识事物，获得知识的方法是多种多样的，不仅借助于各门具体科学知识，还借助于人的审美活动。美育对加速人的智力的开发起着不可忽视的作用。我们知道，人的认识一般要经过由具体到抽象的发展过程。形象思维是通过具体形象来揭示事物的本质；抽象思维则撇开事物的具体形象，运用概括、判断、推理来揭示事物的本质。两种思维能力对一个人来说都是不可缺少的。但是从人的心理发生系统来说，形象思维要早于抽象思维。因为人的认识总是从个别到一般，从具体到抽象。美的事物、美的形象，容易给人们以强烈的印象，甚至使人终生难忘。而美育正是从这点出发，通过具体的、生动的形象去欣赏、创造美，从而培养人们高尚的情操，提高人们的思维能力，使人的聪明才智得到更好的发挥。美育是一种形象化的教育，是靠美的事物、美的形象、美的心灵来感染人、打动人、影响人，从而达到教育的目的。运用生动的艺术形象进行教育，是发掘大学生的想象力、创造力和记忆力，促进其成才的重要组成部分。

二、美育对个性发展的作用

所谓个性特征，包括人的兴趣、能力、性格等等，它是和人的一定情感相联系的。美誉强调的是“以情动人”，它以主体情感的变化为核心，并综合的作用于主体的整个心理面貌，对主体的个性产生积极影响。

从神经结构上看，情绪和情感是大脑皮层和皮下组织中枢神经协同活动的结果。巴普洛夫认为：情感是在大脑皮层下“动力定型的维护和破坏”。如果外界的刺激使人原有的一些动型得到维护和发展，人就会产生积极的情绪和情感；如果外界刺激使人原有的一些动型得不到维护和发展，人就产生消极情绪和情感。好的环境、美的事物，能培养人一种心胸开阔、感情细腻丰富、乐观向上的性格，反之，处在不协调不和谐的环境中，人就容易养成孤僻、沉郁、彷徨、冷漠的性格。俄国作家格列勃·乌斯宾斯基的短篇小说《振作起来》就曾有过这样的描述：一个穷困潦倒、精神不振、走投无路的乡村教师贾普什金，一次毫无目的地走到了巴黎卢浮宫，在博物馆门口看到一座维纳斯雕像。他感慨道：“我站在神像面前望她，不停地问自己：我这是怎么了？……一种我自己无法了解的东西，朝着我的被歪曲、折磨的揉成一团的心灵吹了一口气，立即使我挺值了腰杆，焕发了精神，仿佛那些失去知觉的部位都起了鸡皮疙瘩，促使我呼地一下像人似的长大起来，促使我精神振奋，把那惺忪未醒的睡意一扫而光，用那活力和光明充实我广阔的胸怀，充实我成熟壮大的机体……”这里，美的奇迹出现了，维纳斯雕像的美，竟然奇迹般地使这个心灵被扭曲、丧失了生命信念的贾普什金一下子振奋起来，刹那间变成了另外一个人。由此，足见美感对热闹的优良个性形成的力量之大。

大学生求知欲强、模仿力强、好胜心强，易于接受新鲜事物，而美育又比较适合年轻人的特点。美育不仅能培养人的高尚情操，还可以诱发热闹的兴趣，改善人的智力结构，使人高雅、机敏、风度翩翩、谈吐不俗。这种优良个性的形成，对促进大学生除根才是大有帮助的。

三、美育对品德形成的作用

美育对人的品德的形成和发展具有推动作用。它是培养大学生正确的世界观、审美观和优良的个性心理品质的有效手段。美育虽不同于德育，但美育借助于美的形象，同样具有德育那种打动人心的力量。利用美德感召力影响人们的信念和理想。大学生要把自己培养成具有心灵美、道德美、情感美的现代化时代的新人，就要重视美育的作用，不断提高自己的审美能力，增强自己对真与假、善与恶、美与丑的识别能力，培养自己高尚的行为与品德。

话剧《救救她》上演时，上海市一些工读学校学生看了之后震动很大，他们跑到舞台上，扑向饰演方老师的演员的怀抱，掩面痛哭、悔恨不已。这出话剧像一面镜子，照出了这些工读学校学生的过去，触动了他们的灵魂，也深深打动了他们的心，使他们看到了自己的前途和希望，坚定了告别昨天的决心。这正是美育巨大的感染力量所产生的效果。

第十二章

创造力的培育

第一节　创造与成才

一、创造

创造，是运用个人的才智产生独特而有价值的产品的过程。这种产品可以是一种方法、一种理论，也可以是一种物品、一种作品或其他东西。创造是人类心理活动的高级形式，是包括人事、情感、意志在内的各种心理活动在最高水平的综合。

创造有广义和狭义之分。广义的创造是在已有的知识与经验的基础上，突破常规，进行革新，产生对本人来说是前所未有的成果的过程。例如：运用所学的知识，解答了一道从未见过的习题；通过长时间的摸索，发现了学习某门学科的规律，总结出了一套有新意的独特的学习方法等，这对本人而言，就是一种创造。狭义的创造是指解决了前人未曾解决的问题，获得前所未有的新成果的过程。例如科学上的发现，技术上的发明，文学、艺术上的创作等。广义的创造是个人历史上的首创，狭义的创造是人类历史的首创，前者相当常见，而后者则难度较大，比较少见。

二、人人都能创造

古往今来，在人类历史发展的长河中，涌现出了无数志士仁人，他们由于做出了震古烁今的创造性业绩而名垂青史。提起创造者，人们往往会想到那些科学巨匠或者文坛泰斗：牛顿、爱因斯坦、居里夫人、诺贝尔、钱三强、李四光、曹雪芹、普希金、雪莱、莎士比亚……当然，作为最卓越的创造者，他们是人类智慧的顶峰。然而，“天才是勤奋之子”这句古老的格言道出了一个颠扑不破的真理：创造能力是人类普遍具备的潜在的能力。大量的事实表明，只要是正常的人，都有创造性的潜力。创造潜能在个人之间不是“有”或“无”的问题，而是“大”或“小”的问题。从“天才”到平常人，从成人到儿童，创造性潜能形成了一个“才能连续谱”，好像光谱中的红、橙、黄、绿、青、蓝、紫是连续的一样。每个人都可能成为一颗宝石，只要把表面的杂质除掉，都会闪闪发光，只不过有的是红宝石，有的是蓝宝石而已。

人为什么有创造潜能呢？这个问题目前人们还解释不清楚。不过下面这个有趣的事实可以使我们对自己所具备的创造潜能深信不疑。高等动物凭借自己的神经系统，能够完成一些生存所必需的功能外的功能。例如：驯兽者可以让神经系统高度发达的狗熊完成骑摩托车的动作——这种技能不是狗熊生存所必需的。这就是动物大脑的“功能剩余性”。而人比一般高等动物具有更多的、更高水平的功能剩余性，因而称人脑具有“功能超剩余性”。这一特点决定了人类有能力完成远比生存需要更复杂的多得多的功能。

因此，任何人都有创造的禀赋，问题是要善于发现，并且加以发展。

三、创造精神是人才的宝贵品质

回顾人类历史，我们可以发现，一部人类的文明史，实际上就是一部创造史。人类总是在不断地追求新的理想，开拓新的生活。人类生活的本质就是创造。世界大文豪高尔基说："人类的生活就是创造，就是努力去战胜僵死的物质的抵抗力，希望能掌握物质的一切秘密，并且迫使它的力量服从人类的意志，为人的幸福服务。"创造是人类文明的源泉。人类社会发展至今，一切物质文明与精神文明，都是创造的结果，都是创造的积累。

美国科学家富兰克林说过："我们在享受他人的发明给我们带来的巨大益处，我们也必须乐于用自己的发明去为他人服务。"富于创造性和创造精神是人才的宝贵品质，也是人才的重要标志。从人类的文明发展的历史看，无论是物质文明的缔造还是精神文明的铸就，都依托了天才的创造，从科学与技术的发现者和发明家阿基米德、牛顿、爱因斯坦等到哲学、政治、艺术等文化大师如孔子、毛泽东、高尔基、托尔斯泰等，他们的成就与功勋，无一不渗透着伟大的创造和惊人的创造。

创造，是人才的责任，是人才的乐趣。有无创新的精神，能否做出发明创造，是人才的最重要的标志。

第二节　创造力与创造过程

一、创造力

1. 创造力的概念

创造力就是指创造的能力。具体地说，创造力是运用一切信息，产生出某种新颖、独特、有社会和个人价值的产品的能力。这种产品是指以某种形式出现的思维结果。如：新概念、新理论、新方法、新技术等。这里判断是否具有创造性的标准包含了三个方面的含义。即：是否新颖、是否独特和是否有积极的价值。“新颖”是指突破陈规、前所未有，这是相对于历史而言的，是一种纵向的比较；“独特”是指别具一格，独出心裁，这是相对于他人而言，是一种横向的比较；“有积极的价值”是指对人类、社会进步有意义或对个体发展有意义，而不是相反。

创造力的核心要素是创造性思维，但个性心理品质也与创造力有着密切的关系。

2. 创造性思维

创造性思维是人类思维的高级形式。美国心理学家克勒斯涅克认为：“创造性思维是指发明或发现一种新方式，用以处理某件事情或表达某种事物的思维过程。”提供新的具有积极价值的产物，是这种思维过程的结果，也是创造性思维最重要的特点。

创造性思维活动极其复杂，其形式多种多样，而且多种形式相互重叠交错。主要有发散性思维、集中性思维、创造性思维、灵感及直觉等形式。

（1）发散性思维。美国心理学家吉尔福特认为，发散性思维是“从所给的信息中产生信息，其着重点是在从同一的来源中产生各种各样的为数众多的输出。”善于进行发散性思维的人，会沿着各自不同的方面、途径去思考问题，把当前的信息与记忆中的信息加以重新组合，产生出新的信息来。例如：列举砖头的各种用途，我们至少可以找出以下各种答案：造房子、砌围墙、铺路、做凳子、当武器、压纸头、敲门窗、支撑物体等等。

发散性思维质量的高低，通常从流畅性、变通性、独特性等方面来衡量。流畅性发散主要发散的量，即在规定的时间内，按照要求所表达的内容数量的多少。变通性是灵活应变的特性，即是否善于从不同角度、不同方向去思考问题。独特性是指新颖独到的程度。真正具有创造性的发散性思维，应该是流畅、变通、独特三者兼备的。人们进行发散性思维的一般趋势是：流畅可以办到，变通比较困难，独特最不容易。变通和独特不可多得，但他们却更多的代表了发散性思维的本质。

(2) 集中性思维。吉尔福特认为，集中思维是“从所给予的信息中产生的逻辑结论，其着重点是在生产独有的或者习俗上所接受的最好的成果”。集中思维是运用已有的信息，朝着某一个方向，去获得问题的正确答案，这种答案常常是唯一的，所以，集中性思维的具体步骤是一步一步地指向这唯一的目标的。

学生在学校中所做的作业，如练习题、考试题、竞赛题等，绝大部分属于集中性思维完成的。因为这些练习题、考题、竞赛的答案是规定好了的，而且答案往往只有一个，学生无须“多方向发散”。

集中性思维和发散性思维是创造性活动中相互联系的思维形式。发散性思维有时有可能突破原有的陈规陋习，出现新颖、独特的思维火花。然而，如果只满足于发散性思维，那么，人的思维很可能就像“脱缰的野马”，不能产生有实际价值的思维成果。所以，如果要有所发明、有所创造，就必须有集中思维和发散思维的共同参与。

(3) 创造性思维。一切创造活动，都离不开想象。法国大作家雨果曾说过：“科学到了最后阶段，就遇上了想象。在圆锥曲线中、在对数中、在概率计算中、在微积分计算中、在声波的计算中、在运用于几何学的代数中，想象都是计算的系数，于是，数学也成了诗。对于思想呆板的科学家，我是不大相信的。”

所谓想象，是人脑对已有的表象进行加工改造而创造新形象的过程。如果这种新形象是曾经存在的或现在存在着的，但想象者在实践中没有遇到，则这种想象为再造性想象。如果这种新形象是现实中尚未有过，还有待于创造的事物的形象，则这种想象就叫作创造性想象。创造性想象是创造性思维的表现之一。

创造性想象是一种创造性的综合，是把经过改造的各个成分纳入新的联系而建立起来的新的完整的形象。文学作品中的人物形象，都是运用创造性想象塑造出来的。鲁迅说："模特儿不用一个一定的，看得多了，凑合起来的。"他笔下的阿 Q、祥林嫂和狂人都是这样产生的。在科学发现中，创造性想象更是发挥着重要作用。爱因斯坦说："想象力比知识更重要，因为知识是有限的，而想象力概括着世界上的一切，推动着进步，并且是知识进化的源泉。严格地说，想象力是科学研究中的实在因素。"

（4）灵感。我国著名的科学家钱学森曾说："灵感，也就是人在科学或艺术创作中的高潮，突然出现的、瞬间即逝的短暂思维过程。"

19 世纪奥地利天才作曲家舒伯特，一天和几个朋友一起到维也纳郊外去散步。在回来的路上，他们偶然走进一家小酒店，谈话间看见桌上放着一本莎士比亚的诗集，舒伯特随手拿起来读了几遍。忽然，他大声叫道："旋律出来了！可是没有纸怎么办?"他的朋友顺手拿过桌上的菜单翻转过来递给他。霎时间，舒伯特就像着了魔一样在菜单上疾书起来。不到 15 分钟，便谱写完了《听，听，那云雀》这首著名诗篇的全曲。这段小故事反应的就是艺术创作中的灵感。

灵感是创造者长期辛勤劳动的成果。苏联艺术大师列宾说："灵感是对辛勤劳动的奖赏。"作曲家柴可夫斯基则说："灵感是这样一位客人，他不爱拜访懒惰者。"

（5）直觉。直觉是不经过一步一步地分析和严格的逻辑证明而突然获得的领悟。从某种意义上来说，直觉是一种猜测或预感，但这种猜测或预感往往被证明是正确的。关于这一点，爱因斯坦有一段精辟的见解，即认为直觉依据于"对经验的共鸣的理解"。从这里可以分析出直觉具有的三个特点。一是直觉是对事物的内在规律的深刻理解；二是这种理解来源于经验的积累；三是直觉是经验积累到一定程度，突然达到的理性与感性共鸣是表现出来的豁然贯通的顿悟式的理解。

直觉在科学发现中的作用可以用爱因斯坦关于科学创造原理的思想中看出。爱因斯坦的这一思想可以简洁的表述成下面的模式：经验—直觉—概念或假说—逻辑推理—理论。这就是说，科学家在科学观察和实验所取得的经验材料的基础上，通过直觉来提出代表创造性成果的概念和假设，经过实践（主要是科学实验）检验确立之后，就成为建立科学理论的出发点。由此可见，直觉在科学发现中起着至关重要的作用。

3. 个性的心理品质

个性心理品质是影响人的创造思维活动的重要因素。这里所说的个性心理品质主要指人的性格特征。它包括态度特征、意志特征和情感特征。

很多的研究表明，富于创造性的人才在性格方面，具有以下特征：

（1）态度方面。主要是指对社会、对工作、对他人及自己的态度。创造力强的人才，都具有强烈的事业心、高度的社会责任感和献身精神。他们对自己充满信心而又有自知之明，既严谨又不怕冒必要的风险、不怕失败、不怕他人讥讽。普希金说："做勇敢的人吧。勇于扫视广阔的视野，创造性思想也就谐与俱来。……"哥白尼说："人的天职在勇于探索真理。"

（2）意志方面。主要表现为自觉地制定目标和支配行动，而且勇于克服困难以实现既定的目标。凡有重大创造的人，都是独立性强、坚持性强的人。巴斯德有句名言叫："告诉你使我达到目标的奥秘吧，我唯一的力量就是我的坚持精神。"居里夫人说："我的最高原则是：不论对任何困难，都绝不屈服。"贝弗里奇在《科学研究的艺术》一书中指出："有所成就的科学家几乎都具有一种百折不挠的精神，因为大凡有价值的成就，在面临反复挫折的时候，都需要毅力和勇气。"

（3）情感方面。主要指客观现实是否适合人的需要而产生的情绪体验。这里我们仅讨论理智感、道德感和美感。这三种高级情感在创造性活动中有重要的作用和影响。理智感是人在认识活动中产生的情绪体验，求知欲、好奇心就是常见的形式。贝弗里奇曾说："也许，对于研究人员来说，最基本的两个品格是对科学的热爱和难以满足的好奇心。"道德情感是关于人的行为、思想是否符合社会道德行为标准而产生的情绪体验。爱国主义情感、事业心、责任感就是道德感的表现，而且常常是人才创造活动的强大动力。美感是人对自然、社会及艺术作品审视时产生的情绪体验。美感对创造活动也有着很强的促进作用。居里夫人说："科学的探讨研究，其本身就含有至美。"

二、创造活动

培养和提高创造力，对理解创造性思维活动的过程是很重要的。对于创造过程来说，包括艺术创造过程和科学创造过程，相关创造活动的论述有多种理论，这里我们介绍的是比较多的且便于掌握的“四阶段”说。

1. 科学创造过程四阶段说

（1）积累期。它主要包括发现问题、明确问题的实质、收集资料，从前人的经验中获取知识和得到启示，对问题和相应的资料进行分析研究等。这一时期往往需要耗费大量的精力做长时间的努力。爱因斯坦写相对论的准备工作长达十年，马克思写《资本论》参阅了一千五百多种书籍，做了几十本笔记。这些，都可谓是“望尽天涯路”。

（2）酝酿期。这一阶段是伴随有创造性想象参与的消化和思考的过程，其中，还包括利用传统的知识和方法，对问题做各种试探性解决。研究者或许是一头扎进书籍资料堆或实验室中，或许在殚思竭虑。如爱迪生在举行完婚礼后就把妻子一个人忘在了一边去了实验室；巴甫洛夫约未婚妻一同过节，但他在夜里十二点钟声敲响时，才走出实验室等。总之，这一时期的创造研究是处于一种忘我的境地。

（3）明朗期。这是在上阶段的酝酿成熟的基础上，问题的答案或解决问题的办法脱颖而出，豁然开朗，即产生超常的新观念、新思想。像阿基米德发现“浮力定律”就是在一次沐浴是，从澡盆的水溢出现象得到了启示而引发的顿悟。事实上，顿悟并不是从天上掉下来的瞎想，而是长时间思考和观察的结果，是“机遇垂青于有准备者”的结果。灵感的到来，仅仅是对研究者前两个时期的长期积累和艰辛付出的一种回报。

（4）完善期。也即对灵感突发时得到的初具轮廓的新想法进行系统的整理和修饰，还要通过实践进行检验证明。只有经过实践检验，证明是正确的，才算是真正科学的发明或发现。

法拉第曾说：“公众很少想到，在科学家的头脑中有那么多的思想和理论，由于他自己的严格批评而销声匿迹了。”达尔文在自传中写道：“我经常努力于解放我的智慧，以至于放弃任何方便的假设，即使是我喜爱的，只要它与事实矛盾。”

2. 艺术创造过程

（1）积累和收集素材。这是进行创作活动的必要前提。著名苏联教育家马卡连柯在第一篇描写生活趣事的小说被退稿后，下决心深入生活搜集素材。他到儿童教养院担负教育工作，一干就是13年，在这之后，只用了几个月的时间就写成了教育史上著名的《教育诗》。

（2）构思。这是创作中最富有创造性的关键阶段。他常常伴随着灵感这种非逻辑性思维而出现。托尔斯泰在谈到他构思《安娜·卡列妮娜》时说：“……我感到悲哀，什么也没有写，痛苦地工作着。您简直想象不到，我在这不得不播种的田野上进行深耕的准备工作，这对于我是多么的困难。考虑，反复地考虑我目前这篇巨大的作品的未来任务可能遇到的一切。为了选择其中的百万分之一，要考虑几百万个可能的际遇，真是极端困难。”这段话明明白白地道出了构思的艰辛。

（3）拟定计划或提纲。巴尔扎克在写作巨著《人间喜剧》的时候，曾经周密地拟定了庞大的写作计划。其中，主体部分“风俗研究”的计划是：“……要反映一切社会实况。我要描写每一种生活的情景，每一种姿仪，每一个男性或女性的性格，每一种生活方式，每一种职业，每一种社会地位，法兰西的每一个省份……”

（4）把计划变成作品。对文学作品来说，这就是创作的实际过程，也是成败关键所在。法国大作家福楼拜以写作严谨、文体讲究著称于世。他的《包法利夫人》等名著享誉世界文坛，也曾经使年少的高尔基为之倾倒。福楼拜在谈到艺术创造这一阶段中的艰辛时说："我不知道今天为什么生气，也许是为了我的小说。这部书总是写不出来，我觉得比移山更叫人困倦。有时候，我真想哭一场。著书需要有超人的意志，而我却只是一个普通人。我今天弄得头昏脑涨，灰心丧气。我写了四个钟头，却没有写出一个句子来。今天就没有写成一行，可是倒涂去了一百多行。这种工作真难！艺术！艺术！你究竟是什么恶魔，要咀嚼我们的心呢？为什么呢？"

由此可见，创造性活动是一种高度集中且伴有非常痛苦的思考、开拓、创新性的高级活动。它要比人们一般的想象难得多得多，需要付出的毅力、耐心、坚持和韧性也要多得多。

第三节　青年创造力的培养

一、青年创造力的特点

青年是人生的黄金时期，从生理到心理的发展都趋于稳定和成熟。其创造心理也随着知识与经验的积累、智力的发展与一些良好个性心理品质的形成而得以发展。青年创造力的发展是人才创造力发展的觉醒和起步时期，具有极大的潜力和优势。其主要特点是：

（1）他们对创造充满了憧憬和渴望。

（2）他们受传统的习惯势力约束较少，敢想、敢说、敢做，不惧名人和权威。

（3）他们敢于标新立异、思维敏捷、灵感迸发、创新意识强、心灵手巧，所以在创新上崭露头角，并孕育着更大的创造性。

有关研究表明[1]，中学生的思维灵活性、新颖性有了发展，出现了灵感思维的萌芽，创造想象上的成分随着年级的增长而逐渐增加，[2]这些思维品质和创造能力有着密切的联系。而大学生“在发散思维的发展上，表现出流畅性较高，变通性和独特性则达到了相当的水平。由于发散性思维与创造性思维有关，所以，这表明大学生的创造力获得了相当程度的发展”。

在科学技术发展史上，青年人做出重大创造发明是常有的事情。伽利略在17岁时发现钟摆原理；伽罗华在17岁时创立了群论；爱迪生21岁时获得了第一项发明专利；牛顿在23岁时建立微积分；海森堡24岁时建立了量子力学；爱因斯坦在26岁时完成了狭义相对论；罗斯门对701名发明家进行了研究，发现有61%的人在25岁以前就做出了第一项发明。其中，76.6%的人在35岁以前第一个专利，平均年龄在29.8岁。科学界是这样，其实，在文学领域同样不乏年轻人的身影，仅以我国现代文学史上的著名的作家为例，巴金在23岁时写成了第一部小说《灭亡》，曹禺在23岁时写出了著名的话剧《雷雨》。

这些事实说明，从青年时期就培养和发展创造能力，不仅对人才成长有着久远的意义，而且对人才在青年时期即做出重大成就有着现实的意义。

二、青年学生培养创造力的着眼点

第一，既要掌握扎实的深厚的专业基础知识，还要掌握多方面的文化科学知识。没有扎实的、深厚的专业基础知识，就不能发现问题、提出问题或者提出有价值的问题，更不用说提出解决问题或创造性地解决问题了。但如果仅有某一方面的知

〔1〕 胡近：《大学生心理学》，上海交通大学出版社1987年版，第75页。
〔2〕 林崇德：《中学生心理学》，北京出版社1993年版，第136~144页。

识，即使钻研得很深，也不能创造性地去解决问题。不少杰出的科学家、发明家成功的事实，都说明或证明了，要想有所创造，首先而必要的前提就是要有广泛的文化知识素养。如欧洲文艺复兴时期的列奥纳多·达·芬奇，就既是数学家、力学家和工程师，同时又是以《梦娜·丽莎》等绝世之作永葆盛名的大画家。俄国化学家罗蒙诺索夫也是著名诗人，以致人们在很长的时间里都误以为俄国有两个罗蒙诺索夫。我国古代天文学家张衡（公元 72 年 ~ 公元 139 年），不仅能诗善文，曾作赋二十余篇，而且还是东汉闻名的六大画家之一。我国现代史上的著名的女诗人林徽因，本身还是著名的建筑师。

第二，要进行创造性思维能力的培养和训练。在创造性思维活动中，集中性思维和发散性思维都是必要的，但后者需要加以特别的训练，因为传统的教育、教学方法一般不注重进行这种思维方式的训练。在学校的学习中，“一题多解”的练习，“一字多组词”的联系等，都是行之有效的好方法。

第三，还要培养和训练联想能力，特别是远距离联想。研究发现，越是创造力高的人越能进行远距离联想。日本发明家田雄常吉发明一种新式锅炉，称为“田雄式”锅炉。他在改进锅炉中的水流和蒸汽循环时，联想到童年时代学到的人体血液循环，就把血液循环系统中动脉和静脉的不同功能以及心脏瓣膜阻止血液逆流的功能运用到锅炉的水与蒸汽的循环中，结果使锅炉的热效率提高了 10%。这里实际上就是一种远距离的联想引发的创造。

此外，还要培养和训练类比推理的能力。通过类比推理也常常能引发创造。例如，利用行星围绕恒星运动的关系，类比原子结构中电子围绕原子核运动的关系，这就是一种创造性思维。人类第一架飞机的产生，是受鸟类在天空飞翔产生的启发，运用类比推理进行“仿生”而创造发明出来的。

第四，要培养有利于创造的个性心理品质。良好的个性心理品质在人才的创造性活动中起着重要的作用。美国心理学家特尔曼从1921年开始花了半个世纪的时间对1528名智力超常儿童进行了追踪研究，其中，对857名男性进行了特别的比较。他抽取其中成就最大的和成就最小的各20%的人数进行比较的结果发现，这两组人最明显的差别在于他们的个性心理品质的不同，成就最大的这一组具有强烈的进取心、自信心，办事谨慎，善于克服困难，不屈不挠，最后完成任务的坚持性好，而成就小的那一组在这些方面却大为失色。

类似的研究〔1〕表明，高创造力者具有如下人格特征：

（1）具有浓厚的认识兴趣。

（2）感情丰富、富有幽默感。

（3）勇敢、冒险。

（4）坚持不懈，百折不挠。

（5）独立性强。

（6）自信、勤奋、进取心强。

（7）自我意识发展迅速。

（8）一丝不苟。

第五，学习和掌握关于创造活动的心理学知识。关于创造活动的知识，尤其是关于创造过程的知识等，是关于创造活动规律的知识，掌握了这类知识，有利于用它指导自己的创造过程，有利于提高自己的创造力。因为懂得了创造过程以及创造活动其他方面的知识，可以避免盲人摸象似的错误，可以避免走弯路。

〔1〕 董奇：《儿童创造力发展研究》，浙江教育出版社1993年版，第199~200页。

第六，还应该学习和掌握一些关于本专业、本学科发展史上有关前人发明和创造的历史知识。这样就既可以更深入地理解关于创造活动的规律，又可以学到一些创造实践的具体知识。“前车之辙，后车之鉴”，在创造性活动这种需要高层次的综合性素质的智力活动中，更需要借鉴历史的经验。

三、青年学生培养创造力的途径

1. 创造性的读书

创造性的读书是青年学生培养自己创造能力的有效途径之一。读书的方式、方法是多种多样的，但创造性地读书是一种高层次的读书模式。它的本质是，读书时把自己设想成为一个研究者、评价者或者作者去研究、评判原作者在书中提出的问题以及对问题的研究结果，或者考虑自己怎样完成原作者在书中完成的研究问题、解决问题的创造性工作。相应的具体的读书方式有以下三种：

（1）推读式读书法。用这种读书方式读书时，先看书的开头和结尾，然后认真地推想这中间是怎么过来的；推想后再去看看书中是怎么描写的。通过这样的一想一看，可能使自己的创造性思维能力得到训练和发展。这种“推读式”读书法，是著名美籍物理学家李政道采用和推荐的。

（2）研究式读书法。著名数学家杨乐曾经介绍过这一读书法。他说，当我们要把学习引向更高的阶段时，就要让它具有一些研究性质。对于数学上重要概念或者定理，在将其定义和推理搞清楚以后，还要仔细推敲，前人是如何发明和建立它的？有什么背景？如果我们处于他当时的境地，将要怎样做？定理的证明思想是什么？定理的条件是否都必不可少？结论能否再加强？是否可以举出反例？采用这种方法读书，就可以使自己的思考提高到研究性层次，有利于自己将来独立地发现问题，解决问题。

（3）评价式读书法。著名数学家苏步青说：“读书不必太多，要读得精。要读到你知道这本书的优点、缺点和错误了，这才算读好，读精了。”[1] 这就是说，要能对书做出正确的评价。为了正确地做出评价，那就要在读书时去发现书中的问题。比如书中内容的分歧，尚未解决的问题或解决得不完善的地方，当然，也应当发现书中作者所做的创造性工作，包括独特的见解、精辟的分析或绝妙的构思、凝练的谋篇布局等。这样去读书，也必然能体会作者在创造性思维活动中的得与失，从而提高自己的创造性思维水平。

2. 创造性地解题

创造性解题也是学生培养创造力的有效途径之一。主要包括：

（1）一题多解。就是不仅仅满足于得到正确的答案，而是要求自己能够通过寻找多种思路达到同一目标，这样可以训练自己的发散性思维。

（2）寻求最优解答。在能够寻找到的多种解题方法中，必有一种最合理、最简便或最巧妙的解题方法，在学习过程中，应当善于找出这种最优的解答。因为这种思维活动也是创造性活动所必需的。

（3）对结果进行评价和推理。就是要依据自己所掌握的知识对解题结果是否正确或合理程度作出判断。不同课程、不同习题可以用不同的方法进行评价。有时可以对某些解题结果进行进一步的延伸思考，看看由此可以推导出什么新的结论或知

〔1〕 徐雁、王余光主编：《中国读书大辞典》，南京大学出版社 1993 年版，第 294 页。

识出来。对于学生来说，这是一种广义的创造思维活动。

（4）对题目本身进行分析和优化。有时有些题目本身存在着某些科学偏差，或本身虽无错误，但是并不优良。如果在解题时发现这样的情况，不妨尝试对题目进行改良、加以优化，这样可以提高自己的能力，对于发展创造力也是有益的。

3. 积极写作

学生时代积极动手写作，既可以将学到的知识付诸运用，巩固和加深对知识的理解，还可以训练和发展自己的创作能力。著名美学家和文艺理论家朱光潜就是在学生时代边读书边写作，并发表了《文艺心理学》、《谈美》、《诗论》等著作的。

学生时代可以写作的题材有很多。主要的就有：①读书报告。将自己所读内容，经过消化，重新组合，结合自己的心得，写成有一定层次和深度的读书报告。②调查报告。可以结合自己的学习的内容选择某种课题展开社会调查。如对工厂、农村、城镇的生产、教育、环境等方面的问题进行现场调查，然后写成调查报告。③科普论文。将较高层次的科学内容写成中、小学生或一般人也能读懂、理解，看后有所收获的文章。这种文章既有一定的学术性又有一定的普及性，既要内容科学，又要文笔生动，所以是较难写作的。经常有很多的大学生甚至中学生写科普论文，有的还能在全国评比中获奖，这种写作既可锻炼自己的创作能力，又可以对社会做出直接的贡献。

4. 进行初步的创造性实践

对于一些青年学生来说，可以开展“学习型的科学研究”，进行初步的创造性实践。在科学发展史中，不乏青年人做出重大科学创造的先例。牛顿在读大学期间，因为剑桥闹水灾，水灾过后，瘟疫横行，学校便放假，让学生疏散。牛顿的三项伟大科学成果：微积分、万有引力、三项式定理，基本上都是休假期间做出来的。达尔文 17 岁时在爱丁堡大学学习期间，对两种水生物进行研究，有所发现。亚当斯在大学读书期间预测出天王星外有一颗行星。

学生所进行的初步创造性实践活动或学习性研究主要包括：

（1）发现问题。在日常生活、工程实施、生产活动等过程中，发现别人还未发现的问题；从书籍、杂志等资料中发现作者未能提出的问题。有价值的问题就是创造性思维的开端。

（2）发现现象。社会生活、科学实验、生产过程中的某些现象，有的是司空见惯的，要善于从中发现有价值的内容，让它从老现象中分离出来，或者直接发现了新现象。一旦抓住这些现象，就为寻找新规律、创建新理论打开了通道。

（3）提出新概念、新观点。这包括从实践中提出一些具体新概念、新观点。这包括从实践中直接地提出一些新概念、新观点，也包括对已有的多个概念或多个观点进行更高层次的概括。这种新概念、新观点的提出，就是一种创新，它要求我们要有敏锐的观察和较强的分析综合与抽象、概括能力。

（4）设计新产品、新技术、新方法。这些新东西的设计需要在科学实验、生产实践或工程实践的过程中进行，而且还要经过实践的检验，具有较高的理论和技术的要求。

第十三章

良好品德的形成

个人品德的内容是社会道德内化在个体行为上的具体表现。道德和品德两者之间在实质上是有严格区别的。道德是伦理学和社会学研究的对象；品德则是心理学与教育学研究的对象。

如果心理学把道德和品德混为一谈，就可能出现两种偏差：一种偏差是用心理现象去解释社会道德的起源与发展动力，否认社会存在决定社会意识这一马克思主义原理，从而陷入历史唯心主义的泥潭；二是可能片面地强调阶级分析，用历史唯物主义代替心理学对品德的研究，最终导致品德心理学的取消。为了避免上述两种错误倾向的出现，成为心理学必须严格区分社会道德与个体品德这两个不同的概念的必然联系和本质区别。

第一节　品德心理结构及其发展状况

一、品德心理结构

个体的品德心理状况，是一个有中心有层次的完整的心理结构。它是由品德认识、品德情感、品德动机、品德意志和品德行为构成的。可以简称为：知、情、信、意、行。

品德认识：是指道德观念、道德认识，它是人们对是非、善恶、荣辱的认识、判断和评价。其心理内容有正确的是非观、高尚的道德观和正确的自我认识。它是人在社会交往活动中社会关系及其社会意识在头脑中的反映。这种反映由表及里、由浅入深，又表现为几种不同的心理活动层次，即：社会知觉－品德判断－品德意识。品德认识是品德意识基础，高尚的道德情操、崇高的道德动机，都来源于一种正确的道德观念和认识。

品德情感：是人们在交往过程中所引起的对爱憎、好恶的态度和内心体验。品德情感是在品德认识的基础上形成和发展的，反过来又可以强化和加深品德认识。这是一种强大的内在力量。人没有情感，就不可能有对于真理的追求；有了高尚的品德情感，就可以产生巨大的精神力量，推动人们去追求真理。品德情感不是先天就有的，而是在社会实践中形成、发展的，它具有鲜明的社会性和时代性，这就决定品德的心理活动也有相应的层次，即由品德情绪、品德情境、品德情感、品德情操等心理体验所组成。

品德动机：高尚的品德情感一旦形成，便以动机的形式参与人的思维活动。而思维是智力的核心，所以品德动机也是品德心理结构的核心，可以对品德心理结构其他部分起调节、支配作用。品德动机是人的自我意识的主要表现，它反映了个体的人生需要及人生社会意义的自我设想，不仅有责任感、义务感、事业感、自尊心、集体主义和爱国主义情感与之伴随，而且还包括道德理想、人生观这些心理成分。如果一个人的品德动机是高尚的，那么他头脑里必然装着人类的前途、国家和民族的命运，就会经常想着如何为他人、集体、社会做贡献，尽义务，如果一个人的品德动机是卑微低下的，他头脑里就只有个人，很难做出有利于他人、有利于集体、有利于国家和民族的事情。品德动机，是由品德愿望、品德榜样、品德理想、品德信念等组成。信念是其主要的心理成分，因此，品德动机又可称为品德信念。

品德意志：是指人们为了一定的道德目的、道德行为所作出的自觉的、坚持不懈的努力。意志与行为联系紧密，并体现在行为方式之中，但是它与行为又有区别，是调节行为的精神力量。意志是高尚品德动机得以实现的保障。一方面，它能支持正确的品德动机战胜非品德动机；另一方面，它能克服各种困难，保证品德动机做出的决定得以实现。一个人有了崇高的品德认识、品德情感，但品德意志不强，仍然难以转化为品德行为，即使转化为行动，也难以持之以恒地坚持下去。一般来说，大学生的品德意识过程要经历三个过程，即要经历决心、信心、恒心三个阶段。下决心是品德意志行为的第一阶段；下了决心还要树立信心，这是品德意志的第二阶段；有了决心与信心还要持之以恒，坚持到底，就要有恒心，这是品德意志的第三阶段。品德意志薄弱的人在行为上便会缺乏信心与恒心，一遇到困难就会动摇退缩。意志坚强的人能经受各种考验，有了缺点、错误，也容易及时克服。

品德行为：是人们在道德规范调节下，在行动上对他人、对社会、对自然做出的反映，也就是指一个人是否具有道德的归宿和表现。因为一个人是否有道德，品质好与不好，不是看他的言论，而是看他的行动，看他是否行为高尚，是否有利于社会进步，有利于他人的幸福。

品德心理结构，有纵横两个方面的发展规律。从横的发面来说，首先要有正确的品德认识，然后产生深厚的道德情感，情感激励个体的品德信念和动机，从而变成坚强的品德意志，最后转化为品德行动。从纵向发展方面来说，品德心理在一个人身上的发展，分为萌芽期、形象期、独立判断期和稳定期四个阶段。

品德萌芽期的结构为社会知觉、品德愿望、品德情绪和品德动机，它具有切身需要意义。品德形象期在萌芽期的结构上，又增加了品德表象、品德榜样、品德情景、品德模仿行动内容，它具有切身需要意义和集体需要意义。品德独立判断期在品德形象结构上，增加了品德判断、品德理想、品德情感、品德意志行动内容，它具有切身需要意义、集体需要意义、民族需要意义和阶级国家需要意义。品德稳定结构在品德独立判断结构上，增加了品德意志、品德信念、品德情操、品德习惯内容，它除了具有品德独立判断结果所具有的意义外，还具有社会历史发展需要意义。

二、大学生品德心理发展状况

大学生由于自我意识的迅速发展，成人感日益增强，社会需要、情深需求等在主导着个体的人生方向。由于他们已经有了中学道德教育的基础，因此，他们道德心理结构已经进入独立判断期，并将在 4 年至 5 年的大学校生活中，完成由独立判断期向稳定期的过渡。

一般来说，大学生在品德认识方面已经有了比较正确的是非观念。这期间，由于知识的增多、视野的扩大，更有利于他们道德水平的提高。这时，他们心理结构中的自我形象逐渐高大起来，对自己品德行为方面的长处、短处、今后的努力方向等，都有了比较明确的认识。他们的品德情感日益丰富，并富于社会责任感、义务感、集体荣誉感和强烈的爱国主义情感，在做了某件错事后，再不会像儿童、少年时代那样容易淡忘，而是会较长时间地在头脑里留下痕迹，并时时受到良心的责备，产生过失感，因而他们的品德动机，都能较自觉地认识到自我需要的社会性。这时期，大部分青年学生能够把自己的需要、个人的前途与国家民族的命运、社会的进步紧密地联系起来考虑，进行抽象的逻辑思维，还能够比较自觉地按照社会进步、人类文明的需要磨炼自己的品德意志，增强克服惰性和不良行为的勇气和决心。在这种坚强的品德意志支配下，他们开始按照理想中的人格的要求，全面塑造自己的品德行为。这种自我塑造一般又都是从外部形象开始的。首先是注意衣着的整洁、行为的文明、语言的优美和个人风度等。然后认识到外部形象是受内部形象制约的，从而自觉地扩大品德知识，去追求远大的理想、坚定的信念、高尚的人生目的等。这种良好的品德心理结构形成，一般来说，又与良好的家庭教育、学校教育、社会环境的熏陶有着直接的关系。

但是，由于现在的大学生大都生活在中国社会一个特定的历史环境中，这个环境中的消极影响，不可能不在他们的品德心理上留下烙印。比如，20 世纪发生的十年动乱中那种是非、善恶、美丑混淆的现实，必然会在当时处于幼小年龄的青少年幼小的心灵上留下或深或浅的印象。由动乱而带来的以权谋私等不正之风，不仅严重地腐蚀了党的集体，削弱了党的战斗力，严重地冲击着青年人正在形成中的道德观念，而且还会影响他们成年后对道德价值的判断。改革开放后，升学就业的激烈竞争和社会上某些人的“一切向钱看”的行为，也必然会影响到当时青年的品德动机的形成并造成一定的负面影响。这些消极因素，必须引起相关部门的高度重视。可以说，如果上大学前所在的中学片面追求升学率而忽视思想道德教育，完全让升学就业的激烈竞争支配学生的行为，则这些学校的学生就更容易从生存需要思考问题，有些人由于品德知识缺乏，不能正确认识社会的积极面和消极面，没有能够确立对社会、对国家的政治责任感、义务感，因而，对这些学生的品德动机中的个人主义因素较多、青年期一些固有的心理特征和矛盾，就要给予一定的高度认识。如情绪与理智的矛盾、强烈的求知欲与识别能力较低的矛盾、抽象思维不够发达和好发评论的矛盾、有众多的需求与控制能力不强的矛盾等等。这些问题如果得不到及时地解决，就会影响大学生品德心理的健康发展，造成一些心理障碍。如果没有正确的品德认识和时代使命感、社会责任感，就分辨不清是非，很容易做错误思想的俘虏，甚至被时代潮流所淘汰。

第二节　美德出良才

社会道德意识的内涵是非常广泛的，它包括社会的政治思想，社会的伦理道德原则、道德规范和道德范畴。与此相适应，个体思想品德，一般包括进取性品德，协调性品德和政治品德的三个层次。政治品德是其最高层次，它决定着人才成败的根本方向。三个层次之间又存在相互联系、相互影响的关系，前者是后者的基础，后者是前者的发展。因此，三种类型的品德，都对人才的成长产生巨大的作用，美德出良才，这是人才成长的一条重要规律。

一、政治品德是成才的原动力

古人云："有才无德，其行不远。"在社会主义社会，人才之德的基本原则是集体主义精神。这是因为任何一个人的成才的方向和目标，总是和社会的需要、时代的需要紧密联系在一起的，脱离了历史前进的方向和为人类造福，为社会做贡献的思想，人的才智就会受到抑制。当代大学生如果缺乏报效社会主义祖国之心，没有为实现现代化宏伟目标而奋斗的大志，即使只为个人“名利”在某一时期对人的才智的发展有某种刺激作用，那也毕竟是不长久、不稳固的，是自私和可怜的，是很难把自己塑造成具有顽强拼搏的意志和恒心的人才的。

开发智能是如此，作出贡献获得成果的过程也是如此。人才成功的道路上，并不尽是坦途。科学真理往往和人生真谛联系在一起，任何人的前进目标、奋斗方向，既是政治上的标准，又是业务上的标准。在人才的政治品德中，爱国主义是一项重要内容。爱祖国这种高尚的道德情感，一旦形成信念，将以动机的形式参与人的思维活动，而思维能力又是智力的核心。对祖国的热爱，会变成一种渴望祖国繁荣富强的动机。人才一旦为这种动机所左右，就会产生巨大的热情，在困难面前不屈服，为追求真理而不辞劳苦地攀登。著名原子物理学家钱三强，小时候读了孙中山先生的《建国方略》，为孙中山先生所描绘的未来中国的宏伟蓝图所吸引，爱国热情变成了他学好知识的直接动机。爱国主义的情感还表现为对祖国的责任感和义务感。这种责任感和义务感，不仅是被理智认识了的，而且是在情感上被体验着的。尽了义务和责任，为祖国赢得了荣誉，就会引起道德上的满足和精神上愉悦的情感，反之则会感到内疚、羞愧，受到良心的责备。被爱国主义责任感、义务感强化了的从事某种事业的动机，可以成为一个人奋斗不息的精神力量。

二、协调性的品德是人才成功的加速器

人的社会生活，大致分为家庭生活、公共生活、职业生活三大领域，与之相适应的社会道德，也可以分为爱情、婚姻与家庭道德，社会公德和职业道德三大部分。任何一个人都生活

在一定的社会关系之中，并要与他周围各方面的人进行交往，这种人际交往关系中形成的个体品德，称为协调性品德。在家庭生活、公共生活中，对父母、老师、长者都应当予以尊重，对同学、同志、朋友、爱人要坦率真诚；对子女、学生、晚辈要爱护、理解，这是中华民族的优良道德传统。随着社会经济的发展，这些传统道德又被赋予了许多新的内容，逐步把它内化为个体品德。建立和谐的人际关系，对人才的成长有促进作用。否则，任何一方面关系紧张，都要分散注意力，抵消力量，造成心境不佳，影响智力开发。

人的一生，主要精力是从事职业实践活动，通过各种职业实践对社会做出贡献。职业活动必须遵守一定的职业道德规范，以保证职业活动的顺利进行。每个行业都有自己的职业道德规范，如师德、医德、文德、戏德等。科学家的成就往往取决于科学家的道德品质。基于这种认识，在评选诺贝尔奖时，除了考虑候选人的科学成就以外，还要考虑候选人的品德。一切真正的科学家都不是唯我独尊的人。牛顿把自己的成功归之于“站在巨人的肩上”；达尔文认为弄清真理“两个头脑比一个头脑好”。这种自觉的群体意识，以及在此基础上形成的谦逊、无私等高贵品质，正是人才取得成就的必要条件。群体意识表现在治学态度上，是善于取人之长，补给之短，通过集思广益来启发自己的思路。群体意识表现在科研活动中，是发扬协作精神，善于发现和提携新秀。华罗庚的甘做“人梯”精神，就是这种群体意识的体现。它能把许多具有创造才能的个体，组成一个强有力的集体，从而发现个人无法发现的线索，解决个体无法解决的问题。群体意识反映在荣誉面前，能够保持清醒的头脑，不为荣誉所陶醉。居里夫人获得过 17 枚金质奖章，107 个头衔，但她认为荣誉就像玩具，绝不能只守着它而放弃追求。

1903 年，伦敦皇家学会把最高的奖赏——戴维金质奖章授予居里夫妇。他们得到奖章后，却把它送给了 6 岁的大女儿做了玩具，女儿开心地玩着这个“新大钱”，他们夫妇却又专心地投入到科研之中。

三、进取性品德是人才成功的开路先锋

进取性品德，一般指对自然界、社会、人体科学的未知领域锐意进取的探求精神。它与一个人的学习、工作、科研活动结合起来，便形成治学品德，表现为具有高度的事业心，认真严谨、坚韧不拔、不怕失败等优秀品质。

锐意进取的探求精神，与人类文明、社会进步、人民幸福是一致的。强烈的进取性品德，表现为对现有知识和某些旧观念的不满足；表现为高度的专注力、好奇心和持之以恒的耐力；表现为随时准备克服各种困难而夺取胜利的决心，还表现为不怕担风险、敢于献身、敢于拼搏的攀登精神。它是取得人类物质文明和精神文明成果的开路先锋。在为社会主义现代化建设而奋斗，赶超世界先进科技水平的今天，尤其需要这种进取性品德。

历史发展到 21 世纪，人类已经意识到这种进取性品德和生态平衡、环境保护的紧密联系了。敢作敢为不是胡作非为，也不是简单地向自然界索取，而应当是向自然索取与保护自然生态平衡的有机地结合。

第十四章

辩证对待金钱

随着我国社会社会主义市场经济的发展、各项制度的配套改革，人们对于效率、效益意识也逐渐提高。在20世纪90年代初期，万元户还被较多人所仰慕，而进入到21世纪，这一数据已经早被刷新，取而代之的是十万、百万已经成为常态。显而易见，人们的生活富裕了，人们口袋里的钱多起来了，腰包开始鼓起来了。那么，应该怎样来正确的认识金钱、合理科学的使用金钱呢？本章将对大学生成才与金钱的关系及拥有金钱的原则加以阐述，帮助大中专学生树立正确的人生观、价值观，走好人生之路。

第一节　金钱与成才的关系

当今世界正处在急剧转型、社会变革较为迅速的时期。随着国民经济的增长，生产力水平的提高，人民的“买方市场”日益增强，家庭型也从温饱型想小康型逐渐过渡。金钱作为一种衡量的依据，也日益发挥其经济衡量的价值。

大学生是学校教育的较高级阶段，青年学生将奠定成才的专业知识、技能知识和形成科学世界观，并由“学习任务期”

向“创造活动期”转变和过渡。青年学生是思想最活跃、为一个人一生最富幻想、热情的特殊群体。所以，对新事物也最易接，渴望成才、渴望体现自身价值、渴望在社会上有立足之地，已经成为象牙塔中青年们孜孜以求的梦想。在《围城》中有这样一句名言：“金钱不是万能的，但没有金钱却是万万不能的。”这一观念，目前已经被大学生普遍接受，成为一种在贫困苦笑中推出的堂皇之口。但每一个人都在心底里掂量这“万”与“万万”之间的分量。

一、金钱及其职能

金钱最初的意义就是货币。马克思说[1]：“金银天然不是货币，但货币天然是金银。”因为以金本位制及黄金作为本位货币制度。由于黄金的自由输出输入不受国界限制，因此，货币在流通中又俗称为金钱。

钱是充当一般等价物的特殊商品。它有两种属性：机制和使用价值。它具有价值尺度、流通手段、储藏手段、支付手段和世界货币五种职能。

（1）价值尺度：用来衡量和表现商品价值的一种职能，是货币的最基本、最重要的职能。

（2）流通手段：充当商品交换媒介的职能。它是货币充当价值尺度的发展。

（3）储藏手段：因为它是一般等价物，可以用来购买其他一切商品，因此，它具有可以退出流通领域充当独立的价值形式和社会财富的一般代表而储藏起来的职能。

（4）支付手段：当其作为独立的价值形式进行单方面运作

---

〔1〕《马克思恩格斯全集》（第13卷），中央编译出版社2010年版，第145页。

（如清偿债务、缴纳税款、支付工资和租金等）即执行的职能。随着资本主义的发展，产生了信用货币，如银行券、期票、汇票、支票等，支付作用也日渐增大。

（5）世界货币：货币在世界市场上执行一般等价物的职能，国际贸易的产生和发展，货币在世界市场上发挥的作用，以足值的金、银形式出现。主要用以平衡国际收支的差额。

三十年改革开放，社会主义市场经济作为我国经济的主要形式在经济战略中确定下来，以人们经济生活为支点的价格杠杆成为一种最有活力的驱动力时，金钱的作用无可非议地越来越大，金钱的威慑力已经穿透经济领域的围墙，覆盖了其他社会领域，如金钱也同样可以买到权力、荣誉、友谊甚至爱情。从而导致了一定的社会形态的畸形。越来越多的人感到："没钱我感到有约束力，有钱我感到腰板直。"

二、金钱与成长的关系

1. 金钱是成长的充分条件，但成才可以创造金钱

金钱与一个人的成长没有必要的关系。拥有金钱可以让你在成才的道路上走得相对顺利，在某种程度上可以使惊险变为坦途，为你的成长助上一臂之力。但成才不一定非要有钱。历史上，无数的仁人志士，他们为革命的事业呕心沥血，他们也没有奢谈金钱，没谈其非他莫属的重要地位，但他们通过自身的努力，成为国家各条战线建设上的有用之才。他们为国家创造了难以数计的宝贵财富。伟大的国际共产主义战士白求恩，用他高尚的国际主义精神，用他精湛的医术、医德，用于拯救人类的解放事业，他一个纯粹的人，一个高尚的人。科学史上的爱因斯坦、诺贝尔、居里夫人等，我国的李四光、华罗庚、钱三强等许多杰出的人才都不图名利、追求真理，是品德高尚

的人，他们为世界留下了宝贵的财富。

2. 金钱是物，成才的主体是人。成才后应成为金钱的主人，而不应是金钱的奴隶

就金钱本身而言，它是一个中性词，会融入了个人的感情色彩，“对金钱的爱，是所有罪恶之源”。成才的主体是人，他受外界环境的影响，但我们首先要明白纸币就其本身来说，毫无价值，它只是有用来分享生命的能量，交换劳动果实的工具和机制，如果把对金钱的拥有、获取，作为一种乐趣、一种自我价值的体现，那么，金钱不但将成为泡影，而且人还会被其束缚住手脚。

第二节　正确处理义利关系

“君子喻以义，小人喻以利”、“重利轻义”、“鱼与熊掌不能兼得”。人们往往会在成才的道路上碰到困惑，因此，如何正确处理利与义的关系就显得非常重要。

义利之说是我国道德思想学说的根本问题。宋代朱熹曾说：“义利之说，乃儒家第一义。”义利是相对而存在的。实际上，义利关系既对立又统一，它包括两层意思：第一层含义就是人们之间的物质利益基础和道德之间的关系，即人的意识与社会物质生产的关系到底是一种什么关系。马克思主义认为，道德品质属于上层建筑，物质生产关系是社会经济基础。因此，这是一种经济基础和上层建筑的关系。因而，人的道德思想，归根结底是社会经济关系决定的，即归根到底是利益关系决定着道德关系。义对利是一种观念上的反映，利比义更为根本。正如毛泽东《在延安文艺座谈会上的讲话》中曾指出的那样：“唯物主义者并不一般的反对功利主义，但是反对封建阶级的、资

产阶级的、小资产阶级的功利主义，反对那种口头上反对功利主义，实际是抱着最自私、最短视的功利主义的伪善者。”任何一种东西，必须能使人民群众得到真实的利益，才是好的东西。

义是道德观念，利是物质基础，利决定了义，没有脱离利益的义，坚持这一点，就是坚持了马克思主义的唯物史观。

第二种含义是：虽然利决定了义，但某种程度上，义比利更重要。中国古代的义利观在很大程度上正是从这一角度来领会的。他们认为利是个人物质利益上的得失，义是道义，指人应该怎么做或不应该怎么做。比如一个人在街上捡到了钱，这是利，他想得到这些钱，但究竟应该不应该得到，这里又有义。因此，义实际上已经成为一种道德，它是调节任何人的关系、人和社会的关系、人和自然的关系的一种准则和规范，它是维系正常的人际关系、人和自然的关系的保障，也是维系社会存在和发展的重要保障。举例子来说，如果为了自己的利益想偷对方的羊，这是不讲义，但如果大家都想偷对方的羊，你偷我的，我偷你的，社会就会乱了套，这就是只讲利的结果。总之，光讲利不行，一个社会必须有道德，它是人与人之间、人与社会之间、人与自然之间的基本关系的准则。

由此来看，义即道义，是一种规矩，是人类行为的规范。从价值观的角度来看，义比利更重要，坚持求义比求利更困难。现在，每每看到新闻媒体上报道，准备救人者先讲明价钱才下水救助失足者的消息，看起来让人似乎匪夷所思，但实际上是价值观和义利观的一种直接地反映和表现。因此，“君子喻以义，小人喻以利”，还是有一定道理的。道德高尚的人当然懂得道义，但遇事要先拿义来衡量该不该做；而低微小人遇事先来看利做出选择，只看重利益。

马克思主义一贯坚持社会存在决定社会意识，这是唯物史观；但并不否认特殊的情况下，社会意识能够反作用于社会存在，给它以极大的反作用，这是辩证法。

在上述基础上，掌握其义和利关系。在碰到实际问题时，还要注意几个方面。

1. 明辨义利，是第一要务

明辨就是区分，即是说区分义利是最重要的事情。中国古代区分小人君子，区分道德水平的高低，首先就看他在义利关系上处理得如何。实际上在现实中也应该这样，遇到事情，一方面看它有没有利，但最重要的是看符不符合义，即是否符合社会规范。

人与人之间、人与社会、人与自然的关系处理时也一样。从一方面讲如考试作弊，看别人的答案很容易，不用费力也能获高分，可人家辛辛苦苦读了书，最后的结果却和不劳而获的偷看者一样，这未免太不合情理。从另一方面讲，既欺人又自欺，结果义、利全丢掉了。一个工厂光顾赚钱，把大量的废气、废水、废渣任意抛掉，不管它们对周围人，乃至子孙后代的影响，这种人就是小人，行为就缺德，就是不义。因此，做什么事情都要区分义和利，把如何对待义利作为区分善恶，正人君子和邪恶小人，高尚和卑劣的标准。

2. 以义为上，以义制利

这主要是讲，把义放在首位、重要的地位，以义统率利。以义作为根本的标准。

儒家提倡见利思义，见得思义。就是说，君见利，即想要得到的好处，先别忙着伸手，要看符不符合义。如果符合义，再拿。陈毅同志曾云："莫伸手，伸手必被捉。"此言极是，义比利重要，共产党员、国家干部不该伸手的地方伸了手，必然没有好下场。我们应该做到个人利益服从义，即个人利益服从集体、国家利益。

义利观的最高境界即孟子的“舍生取义”。必要时，不仅是财产，连自己的生命，都可以舍弃掉。《孟子·告上》曾言：“生亦我所欲也，义我所欲也，二者不可兼得，舍生而取义者也。”利的根本的东西是什么？就是生命，连生命在内都没有义重要，为了义，可以牺牲自己的生命。而现在有些人，认为“人不利己，天诛地灭”，过去的理想、信念、道义、原则都是假的，空的。其实，他们的思想境界太低，光顾自己眼前的蝇头小利。当前，伦理学界认为我们正处于道德的转型期，道德从虚到实，从假到真，这个观点站不住脚。难道我们过去提倡雷锋精神，是假的？抗日战争时期的民族英雄是假的？只是现在一切向钱看才是真的？这就是以小人之心度君子之腹，自己没有这个情操道义，就不相信别人有情操道义，要知道，我们民族始终屹立世界之林，始终没有崩溃，没有沦为殖民地，就是靠这种精神、这种志气。

3. 义为利本，义以生利

义为利本，义以生利是我们民族的一个非常优秀的思想，我们要的是大利，根本的利、长远的利，义有可能生利。

小说《胡雪岩》里有这样一具情节：有一个湘军军官把自己的钱存在胡雪岩的银行里，因为信任他，而没有要任何证据。后来，这个人死了，临死前，托同伴把钱取出来转交给家属。那位伙伴来找胡雪岩的银行，当时银行可以有两种选择：要么为了利，因无证据，所以也无须还钱；要么为义，讲信誉，不能自己砸自己的招牌，结果胡雪岩选择了后者，不仅给了本钱，而且连利息也付清。这以后，湘军都把钱存在胡雪岩处，胡雪岩发了大财，可见：取眼前的利益，取小利，实际上是最傻最笨的方法，从道义上说是最卑劣的方法。相反，道德高尚的人，维护自己的信誉的人，并不吃亏，《左传·僖公二十七年》讲："道，义，利之本也"。义和利就好比一根筷子的上下半截的关系，如果没有义，则利也得不到。

4. 义利双行，志功合观

义利双行是指我们在考虑问题时既要讲义又要讲利，因为义代表更根本长远的利，代表更多人的利，志功合观是在道德行为中既看动机又要看效果。

志和功，动机和效果的关系在道德中该如何处理，在我国有两种不同的看法：动机论者仅看动机，不问效果；效果论者只注重结果，不问产生的动机。毛泽东《在延安文艺座谈会上的讲话》中谈到，要把两者结合起来看，把他们作为一个辩证的统一体来看待。比如医生是好心把人治坏了，这是动机和效果不一致，不断治病，把人治好。这样从整个过程来说，是一致的，而一味地为了赚钱，那是必然会贻误病人，把人治苦了。

5. 兴天下利，利济苍生

兴利要兴天下人之大利，而不只是一个人暂时的小利，要因利救助、润泽天下老百姓，这是利国家利民族，是义利统一的最高境界。

第三节　拥有金钱的原则

一、现实生活中义和利的碰撞

钱是个好东西，又是个坏东西。作为一般等价物，在商品经济中具备任何东西不可替代的作用。朱镕基在慰问救济西南贫困地区时，在一位村困难户家里感慨地说："真恨不得把兜里救济的钱全掏出来"，这话体现了人民的总理对人民的感情，也说明了钱对扶贫的重要作用。然而，金钱的副作用，又足可以把人“溶解”掉。因此，要讲清拥有金钱的原则。我们首先要有正确的个人价值观。众所周知，十一届三中全会以来，以安徽小岗村一纸契约为开端的中国改革开放，在960多万平方公里土地上轰轰烈烈地开展以来，中国如猛狮一样苏醒了过来，以经济建设为中心，一片生机勃勃的景象。“鼓励一部分人先富起来，再达到共同富裕”等，邓小平理论深入人心。中国人民迎来了第二个春天，但随之而来的社会不良风气也继而抬头。青年学生们时而以高昂的政治热情积极参与社会进步的巨大变革，“指点江山，激扬文字”；时而萌发出“时势造英雄”，“天生我才必有用”的情绪；时而又关注着社会上的拜金主义、享乐主义、金钱至上、党内腐败问题、官僚主义；时而又引出了“市场经济就是经商”，“市场经济就是搞资本主义”，“市场经济就是一切为了赚钱”的迷惑论调。

的确，市场经济具有竞争性、逐利性的特点，若放任个人至上，就会在利益驱动下，谋求个人利益。社会主义市场经济体制的建立，使青年学生的政治思想、价值标准、道德观念更呈现出趋时、多变，超前的特点。因此，必须加强思想政治教育，明确改革、发展、稳定的关系，了解国情，了解党的基本路线，坚定为人民服务的思想，肩负起时代的重任。应该说，经过“自我设计、自我奋斗”到20世纪90年代的“个人价值、自我意识、社会价值的觉醒，个人价值观的取向更多元化，多向性”，价值是主客体之间构成的需要与满足需要的一种效益关系，人的价值，就其一般意义上说，是客体人的实践活动对作为主体人的需要的满足，其中人的表现形式可指个人、社会。

而个人与社会是互为目的与手段的。个人的社会价值包括个人的贡献与享用两方面的内容：一方面，个人的社会价值的实质核心是为社会的生存与发展创造必要的物质、精神或综合的价值；另一方面，个人的社会价值不排斥个人的正当利益的获取、享用、消费。因此，我们必须树立正确的价值观，在为社会为人民服务做出的贡献中，来体现自身价值。

二、确立正确的价值评价标准

价值评价又分社会价值评价和自我价值评价。社会价值评价是自我评价的基础和主要参照。个人为了满足社会需要做出了贡献终将会得到社会的承认或肯定，这样，个人的自我价值便在社会中得到了实现。

由于我国还处于社会主义初级阶段，封建残余思想和资产阶级腐朽思想依然存在，有的人以金钱拥有的多少来衡量人生的价值，这是以权谋私，“一切向钱看”等丑恶现象的重要社会基础。而马克思主义科学的人生价值标准是：看他为社会，为他人做出了什么贡献，承担了什么责任，看他的能力、创造力和贡献的大小。在社会主义社会中，人生评价还要以每个人是否胜任自己的社会职责为标准，以履行自己社会职责的优劣程度来衡量其人生价值的高低。俗话说：三百六十行，行行出状元。在校园里，我们学习的专业知识是为以后继续学习、工作、实践、锻炼提供基本的知识保障。现在的时代是信息的时代，知识经济的时代，大学校园里的学习可以使你获得一种方法，一种途径，但绝不是目的，是你学会生存的一种手段。

全国劳模李素丽，她没有很高的学历，她只是一名售票员，但她一边上班，一边自学大学财会课程，用自己的微笑服务，耐心、细心的解说，成了北京的活地图、人们嘘寒问暖的贴心人。抗洪英模李向群，他用20岁的生命抒写了人生的篇章，他是海南一位富商之子，但他经商3年后毅然决定参军，这样，个人的自我价值便在社会中得到了实现。

三、拥有金钱的原则

每个人都梦想成为百万富翁，而拥有、使用金钱却有很多道理，那么在社会主义制度下，在我国正处于市场经济体制等多种体制改革的背景下，应如何拥有金钱呢？这里谈几个原则。

1. 要树立正确的生活观、金钱观、价值观，在生活上以洁白、朴素、节俭作为一种美德

古人云：成由节俭败由奢。中华民族素有勤俭节约，艰苦奋斗的传统美德，我们国家就是靠我们勤劳智慧的双手创造了美好的今天。现在我们不管是小康生活还是温饱生活，都应该奉行一种清廉、勤劳、踏实、节约的生活方式。虽然我们要鼓励冒富，鼓励致富，但要牢记共同富裕的目标，不能追求奢侈的生活和超前消费、高消费。

2. 要讲究正当的赚钱之道，认认真真做事，踏踏实实做人

“君子爱财，取之有道。”固然，青年学生还没有直接为社会创造财富，正处于学习和准备劳动阶段，应根据自己的经济条件，学会合理安排消费，要养成艰苦奋斗的习惯。现在条件提高了，生活改善了，这是社会进步的象征，但要养成爱劳动，提倡艰苦奋斗的原则始终是正确的。在校期间，以养成学习上向高要求看齐，生活上量力而行，不要追求高标准。自觉地调节自己的消费结构，任何贪图享受，挥霍浪费，不切实际的相互攀比都是成才道路上的大敌。大学毕业，在收入方面可以不如意，但我们是受过高等教育的人，我们有理由依靠自己聪颖的智慧，勤劳的双手创造出一片新天地！

3. 拥有金钱的计划性

要从长计议、从远处着想，不要只拘泥于高级的服饰、高级的食品、高级的消费享乐，图一时快乐消遣。俗话说“滴水

穿石”、“铁杵磨成针”这都说明要恒心，经得起时间、金钱诱惑上的考验，这样才能成为理财的专家。

总之，在“金钱”面前我们要学做主人，走出“金钱万能”的误区，崇尚正确的人生观、价值观，做物质、精神双重的富有者，不要让一时的纸醉金迷遮住我们年轻的双眼！

第十五章

民族精神与个体精神培育

第一节 加强对大学生的民族精神培育

（1）强化学生对我们民族文化的认同感。民族精神是一个民族的生存编码和灵魂。它集中体现了一个民族的心理特征、文化传统、精神风貌、价值取向，具有对内动员和聚集民族力量、对外展示和树立民族形象的重要功能。中华民族精神就是炎黄子孙在五千年的发展过程中所形成的吃苦耐劳、矢志不渝、自强不息、温柔敦厚、择善而从的民族性格和以国家、民族利益为重的伦理观念。胡锦涛总书记曾指出："中华民族具有五千年的悠久历史。在漫长的历史长河中，我国各族人民团结奋斗、自强不息，开发了祖国的锦绣山河，创造了灿烂的中华文明，为人类文明做出了不可磨灭的巨大贡献。"习近平同志强调：中华优秀传统文化是我们民族的文化之基、之魂。中华民族的民族精神就蕴含在中华民族的历史中，蕴含在中华民族灿烂的文化中，蕴含在中华儿女五千年奋斗创造的足迹中，蕴含在中华儿女当前为实现中华民族复兴的伟大实践中。

（2）从实现"两个百年"目标的高度加大民族文化培育。

要实现胡锦涛同志提出的“在我们党成立100年时建成惠及十几亿人口的更高水平的小康社会，到新中国成立100年时基本实现现代化，建成富强民主文明和谐的社会主义现代化国家”的伟大目标，就必须在坚持四项基本原则的同时，坚持改革开放开、大胆吸收其他民族优秀文化，凝练并丰富我们的民族文化，将我们的民族精神内化为每一位公民的个人道德追求。高等学校作为为党和国家培育优秀人才和合格接班人的重要场所，理应将中华民族精神培育作为大学的首要任务。然而，目前在高校中忽视甚至忽略对大学生民族精神培育的现象却大有愈演愈烈的趋势。

其中，最典型的就是削弱大学语文的教学课时，扩大英语等非母语系语言以及专业课的授课内容。由于课时量的减少和对学生民族精神方面的教育流于形式等原因，造成了许多大学生在应用文写作尤其是公文写作、对外交际、社会认知等方面能力的严重下降，以至于在数万人的高校中，有时要找到一个能让用人单位满意的文字功底好的学生都很困难。此外，部分用人单位为了拔高自己的用人标准，一味要求学生必须具有英语六级的合格证书，无意间，又为大学生找到了不用学好汉语的口实，导致一部分学生英语程度级别很高，汉语水平却很一般，与人交往时，炫耀的往往是自己的英语水平级别，而对汉字的书写和应用，却显得羞涩难堪。久而久之，对学习汉语的兴趣逐渐减弱，对以语言为媒介的中华民族精神的了解，当然也就越来越少。在改革开放的今天，学习一定的外语是必需的，但如果在学习外语的同时，丢掉了我们民族赖以生存的汉民族语言，这不仅会影响汉语的推广与普及水平，给我国社会主义现代化建设急需的高层次人才造成极大地阻碍，给我国的人力资源造成的极大浪费，而且对强化中华民族根基、扩大中华的影响力、保持中华民族长治久安也是非常不利的。

（3）持续推进对中华优秀文化传统的培育。邓小平同志指出：中国人民有自己的民族自尊心和自豪感，以热爱祖国、贡献全部力量建设社会主义祖国为最大光荣，以损害社会主义祖国利益、尊严和荣誉为最大耻辱。中央关于认真贯彻执行《公民道德建设实施纲要》的通知中明确要求，要继承中华民族几千年形成的传统美德，发扬党领导人民在长期革命斗争与建设实践中形成的优良传统道德。中华民族的优秀文化传统以及蕴藏其中的精髓，是民族精神的根基和源泉，丢掉自己民族的优秀传统和民族精神，那么发展先进文化，建设中国特色社会主义就成了无源之水、无本之木。

（4）不断拓展弘扬民族精神培育路径。中华民族五千多年绵延不断的文化，孕育和形成了我们自己独具特色和魅力的民族精神，我们要很好地继承和弘扬，并结合新的时代精神和社会进步的要求加以发展，推陈出新、古为今用，充分利用传统媒体的优势，巩固已有的文化传承成果。同时，还要充分利用互联网和移动互联网的技术平台，扩大传统文化在青年群体中的影响面和受众面，拉近中华优秀传统文化与青年日常生活中的距离，使中华传统文化能够接地气、有根源，进课堂、进教室、进头脑，通过青年中的优秀群体的影响和辐射，使中华优秀传统文化不断发扬光大。只有加深对中华民族文化的认识和了解，加强对我们民族的精神认识和认同，才能在新时期的伟大实践中使之进一步内化为广大人民群众的自觉意识，从而使民族精神成为我们推进伟大事业的精神支撑。弘扬和培育民族精神，是不断增强综合国力的根本要求，是促进公民道德素质提升的动力，是决定一个国家综合国力强弱的至关重要的因素。在当前国际形势急剧变化、我国的改革开放进入全面小康建设的攻坚阶段，我们尤其应该坚定信念，树立自信心，加强对全体公民尤其是在校大学生的思想道德建设，弘扬我们的民族精神。

第二节　弘扬民族精神路径分析

第一，弘扬民族精神要坚持鲜明的民族性。中华民族是一个多民族的大家庭，几千年来，各民族不断进行融合和交流，形成了吃苦耐劳、矢志不渝、自强不息、温柔敦厚、择善而从的民族性格和以国家、民族利益为重的伦理观念。这种民族精神植根于中华民族数千年绵延不绝的优秀文化传统之中，并随着时代的变迁，在优秀文化的催生中不断得到丰富和发展。这和西方国家形成了鲜明的对比。弘扬民族精神，就是要充分坚持“四统一”原则。

一是坚持一元化和多样性的统一。中华民族精神的指导思想是一元的，就是马克思主义。在指导思想上必须坚决反对所谓“多元化”的主张，但内容则可以是丰富多彩的，形式则可以是多种多样的。我们在弘扬爱国主义、集体主义、社会主义主旋律的同时要提倡多样性。没有指导思想的一元化，民族精神就会失去正确方向和生命力。没有内容和形式上的多样性，民族精神就会单调、凋零、枯竭，失去吸引力和感召力。只有把指导思想的一元化和形式内容的多样性有机地统一起来，才能使中华民族精神永远保持生机和活力，健康蓬勃地发展。

二是坚持民族性和世界性的统一。中华民族精神具有浓郁深厚的中华民族特点，是先进的民族文化。我们在弘扬中华民族精神时必须反对“民族虚无主义”和“全盘西化论”。同时，中华民族精神又是世界文化的一部分，具有明显的开放性和强烈的吸纳性。我们要善于处理民族文化和外来文化的关系，坚持民族性和世界性的统一，用清醒的头脑、世界的眼光、宽广的胸怀，在同其他民族精神的联系和交流中，在比较和鉴别中，吸取和接纳世界文明的优秀成果，从而使中华民族精神更加丰富多彩。大学语文课教学要始终坚持弘扬中华民族文化精神的立场，紧紧围绕民族精神与社会发展、民族文化与国家发展等课题，在精选优质教学内容上下功夫以吸引学生。

三是坚持继承性和创新性的统一。中华民族精神要继承人类文明中的优秀成果，中国传统文化中的优秀成果，中国共产党领导人民在进行革命、建设、改革进程中形成的优秀成果。不继承这些优秀成果，中华民族精神就将成为无源之水、无本之木。但是，继承的目的在于创新发展，如果不同创新发展联系起来，继承就失去了应有的意义，因此，要使中华民族精神不断丰富发展，就必须与时俱进、开拓创新。目前，大学语文教学也面临着改革创新这一根本问题，如何将大学语文教学与学生的成长需求结合起来，使大学语文课教学更加具有吸引力和活力，使中华传统文化精髓通过大学语文课教学得到凝练和提升，也是摆在大学语文课教师面前的重要任务。

四是坚持先进性和广泛性的统一。在弘扬和培育中华民族精神的进程中，只有坚持先进性的要求，才能确保民族精神成为先进文化的精髓。同时，在坚持先进性的同时，还要坚持民族精神的广泛性。倘若把民族精神看作是一座大厦的话，那么这座大厦是分层次的，在社会主义初级阶段的中国，这座大厦除了具有体现社会主义、共产主义理想信念和价值追求的先进文化以外，还要大量满足人民不同层次的、多方面的、丰富的、健康的、多样的有益文化。这种民族精神构成的层次性和广泛性，是我们坚持实事求是，弘扬和培育中华民族精神中必须给予高度重视的一个问题。

第二，弘扬民族精神应坚持以爱国主义教育为核心。爱国主义是指一个国家的人民在千百年来的社会实践中形成的一种对自己的祖国极其忠诚和热爱的深厚情感。她是动员和鼓舞中华儿女团结奋斗的光辉旗帜，是打牢全国各族人民团结奋斗思想基础的重要内容。有没有高昂的民族精神，已成为决定一个国家综合国力强弱的至关重要的因素。弘扬中华精神，其核心就是要教育公民弘扬爱国主义精神，学会关爱自己的父母、爱护自己所在的集体，热爱自己的祖国。教育学生以民族团结、社会稳定、国家兴旺为己任，从日常的点滴事情做起，洁身自爱，学会自律；从日常行为抓起，锻炼自己能吃苦、敢吃苦的精神；从日常的起居中，培养其持之以恒的毅力和与他人和谐相处的为人准则；在集体活动中，培养他们的团队意识和集体精神。目前，高校需要下大力气进行研究和落实的问题，就是应如何将爱国主义教育通过日常教学和管理体现在高校大学的文化建设中，渗透在学生的血液中，成为青年奋发向上的精神动力和助推剂。

第三，弘扬民族精神要与提高全民族的思想道德素质结合起来。民族精神是民族的综合素质的核心。民族的综合素质包括思想道德素质、科学文化素质、心理素质和健康素质。人类社会发展的历史表明，一个民族的发展，不仅取决于经济发展的水平，而且取决于民族的综合素质。一个国家的腾飞，不仅表现在经济发展水平上，而且表现在民族综合素质的提高上。建设中国特色社会主义最终取决于民族综合素质的提高，这是一个民族兴旺发达、永不枯竭的动力。中国共产党发展先进文化的根本目的，就是为了不断提高全民族的思想道德素质和科学文化素质，为经济发展和社会全面进步提供思想保证、精神动力和智力支持。强化这种思想保证、精神动力和智力支持的一个重要方面，就是要大力弘扬和培育民族精神。改革开放三十多年来，我们党切实加强精神文明建设，在弘扬和培育民族精神方面做了大量卓有成效的工作。三十多年改革发展的实践证明，全民族的思想道德素质和科学文化素质的提高，对于振奋民族精神，凝聚全国人民的力量，同心同德推进社会主义现代化建设有着极其重要的作用。2008 年四川汶川大地震中孕育出的同胞情、手足情、军民情等民族精神，就是最好的体现；在第 29 届北京奥运会中涌现出来的以“80 后”、“90 后”为主体的志愿者大军，就是国人综合素质提升的最佳体现。其中蕴含的巨大精神财富，尤其需要我们进行深刻反思和提炼。

第四，弘扬和培育民族精神要和全面建设小康社会的伟大实践结合起来。实现中华民族的伟大复兴是近代以来所有中国人的夙愿和梦想。毛泽东同志在半个世纪前就预言，中国的命运已经操在人民自己的手里，中国就将如太阳升起在东方那样，以自己的辉煌的光焰普照大地，建设起一个崭新的强盛的名副其实的人民共和国。邓小平同志指出，我们干的事业是全新的事业，如果从新中国成立起，用一百年的时间把我国建设成中等水平的发达国家，那就很了不起。江泽民同志面向新世纪曾豪迈地说，中国的社会主义现代化，中华民族的伟大复兴，已是跃出东方地平线的一轮绚丽的红日，这轮红日是注定要高高升起来的。中华民族经历了古代历史的辉煌，近代的衰落，经过 20 世纪整整一个世纪的艰难探索，不屈不挠地艰苦奋斗，尤其是自新中国建立以来，中国人民经过了 66 年的社会主义现代化建设，终于迎来了中华民族复兴的曙光。中华民族之所以能重振雄风，开辟复兴之路，其根本的动力是中国人民的同心奋斗，而激励和指引中国人民以坚忍不拔的意志和卓越的智慧推动民族复兴的是我们民族的伟大精神——中华民族精神。因此，所有党的思想政治教育工作者，唯有自强不息，不断进取，更加兢兢业业的工作，同心同德的奋斗，才能不辜负党和人民的重托，才能无愧于我们的民族，无愧于我们的国家。我们应坚信，中华民族精神的伟大力量能锻造我们昔日的辉煌和今日之盛世，中华民族精神也必定能继续激励和推动我们乘胜前进，最终实现中华民族的伟大复兴。

第五，弘扬民族精神要结合实践的发展不断进行民族精神的创新。弘扬和培育民族精神，必须立足中国现实，紧紧围绕我们要成为什么样的民族这个根本，立足于中华民族伟大复兴这个目标，着眼于充分反映中华民族的远大抱负和崇高理想这个主题。从世界文明的角度，反观中国文化精神，探讨中西文化冲突和交融的特点和规律，解决好民族精神和人类文明的关系，使其他民族的文化精神“中国化”。从当代中国的角度，反思中国文化精神，探讨传统与现实的冲突和交融的特点和规律，解决好民族精神和时代精神的关系，使中国传统文化精神“现代化”。我们必须把发展社会生产力同提高全民族文明素质结合起来，推动物质文明和精华文明协调发展，更加自觉、更加主动地推动文化大发展大繁荣。坚持物质文明和精神文明两手抓，实行依法治国和以德治国相结合，以科学的理论武装人，以正确的舆论引导人，以高尚的精神塑造人，以优秀的作品鼓舞人，着力培养有理想、有道德、有文化、有纪律的公民，不断提高全民族的思想道德素质和科学文化素质，为改革开放和社会主义现代化建设提供强大精神动力和智力支持，营造良好氛围。

第六，弘扬和培育民族精神，要充分利用先进的科技手段。据《中国新媒体发展报告》[1]（2014）的提供的数据，2013

---

〔1〕 唐绪军：《中国新媒体发展报告》，社会科学文献出版社 2014 年版，第 271 ~281 页。

年，我国网民数量已经突破6亿，手机网民已经超过5亿，智能手机保有量已经接近6亿台，中国游戏市场用户量约达4.95亿人，移动游戏用户量约3.1亿人。这些不断被刷新的数据告诉我们，我国的新媒体产业规模在快速扩大，以网络新媒介为载体的新媒体产业呈现出高速发展的态势。这表明青少年是互联网最庞大的使用群体。因此，我们必须适时调整传统的思想政治教育模式，积极主动抢占互联网高地，并充分利用这一资源积极为弘扬中华民族精神做出贡献。要充分利用互联网良好的群众基础和广阔的发展空间，开展丰富多彩、形式多样的活动，及时、全面、深入地宣传中央的重大决策，利用网上直播反映振奋民族精神的重大事件，提高在网上和网下的互动。

在这方面，从胡锦涛、温家宝到新一代党和国家的领导人习近平、李克强等中央领导同志已经为我们做出了表率，网民对总书记和总理等在互联网上与网民的互动交流均给予了高度关注和积极评价。人民网、新华网等中央媒体开辟的“强国论坛”、“发展论坛”等栏目，微博、微信等新媒体平台的推广使用更是得到了网民的积极参与和拥护，真正起到了教育引导交流互动的效果，不失为良好的尝试和创新。近来，“微博时代”大有取代“博客”的趋势，我们应充分尊重新媒体环境下大学生合理内心需求的适当表达，给他们以宽容、宽松的自我思想表达途径，但同时，我们还要高度关注带有倾向性的言论和群体，适时和他们进行交流并疏导。对此，我们应鼓励越来越多的思想政治经济工作者参与其中，以扩大我们民族的凝聚力和感召力，为积极构建和谐社会，实现中华民族的宏伟理想而做出我们应有的贡献。

第十六章

择业、就业心理面面观

第一节　择业过程中常见的心理问题

一个人在选择职业时，要考虑诸多的因素来选择合适自己的职业。对大学生来说，随着双向选择的推广，大学生择业面临着更大的困难，也面临着更大的心理压力和冲突。如何顺利择业、成功就业是大学生走出学校的面临的一个大问题。心理专家认为，大学生择业的过程，是一个复杂的心理变化过程。面对严峻的就业形势，面对众多的竞争对手，要想获得择业的成功，没有充分的心理准备，没有良好的竞争状态是不行的。

大学生就业期的心理问题主要有：

(1) 盲目自信的心理。不能正确地认识主观与客观的现实，错误地拔高自己的实际能力，目空一切，盲目自信。有的大学生认为自己在择业中具备种种优势：学习成绩优秀，政治条件好，学校牌子亮，专业需求旺，求职门路广，因而盲目自信，择业目标定得很高，满脑瓜子挤满了“淘金”梦，应聘时一心一意向高薪挑战，结果屡屡受挫。到头来往往会由于对自己估计过高，对自己的不足和困难估计不足而在择业中受挫。

(2) 自卑畏怯的心理。有的大学生大学四年顺利地走过来了，也具备了一定的实力和优势，面对激烈的竞争，却觉得自己这也不行，那也不如别人，自卑心理使得自己缺乏竞争勇气，缺乏自信心，走进就业市场就心里发怵，参加招聘面试，心里忐忑不安。一旦中途受到挫折，更缺乏心理上的承受能力，总觉得自己确实不行。在激烈的择业竞争中，这种心理障碍是走向成功的大敌，必须认真加以克服。

(3) 急功近利的心理。有些大学生在择业时过分看重地位，过分看重实惠，一心只想进大城市、大机关，去沿海发达地区，到挣钱多、待遇好的单位，甚至为了暂时的功利宁可抛弃所学的专业，宁可不要户口、甚至毁约。这种心理可能会使你得到一些眼前的利益和满足，但从长远发展看并非明智的选择。

(4) 患得患失的心理。职业的选择往往也是对机遇的一种把握，错过机遇，你将会与成功失之交臂。当断不断、患得患失，这山望着那山高，这也是导致许多大学生陷入择业误区的一种心理障碍。

(5) 依赖心理。依赖心理在求职择业中又具体表现为两种倾向：一种是依赖大多数的从众心理，自己缺乏独立的见解，不是从自己的实际情况做出切合实际的选择，而是人云亦云，见别人都往大城市、大机关挤，自己也跟着热闹；另一种是依赖政策、依赖他人的倾向，不是主动选择，积极竞争，而是觉得反正国家要兜底，反正有优生优分的政策，坐等学校给自己落实单位。这种心态也是与激烈竞争的社会现实格格不入的。

(6) 固执狭隘的心理。即在职业选择时缺乏变通，不顾社会的需要，不顾社会分工和专业化的内在联系，只看到专业的独特性，人为地“画地为牢”，限制了自己的选择范围。一位总经理说：“现代竞争社会所需要的人才，并不是他学了多少知识、专业是否对口，更重要的是他所具备的基本素质；而业务知识我们可以培训……”

(7) 怀才不遇的心理。由于自视过高，而在现实的择业过程中却处处碰壁，于是产生怀才不遇之感，抱怨自己生不逢时，抱怨没有施展才能的机会，抱怨世上无伯乐。整天怨天尤人，只会使身心愈加疲惫。如果永远怀才不遇，只能空怀“壮志”，嗟悔不已。因此，走出此误区的方法只能是学会正视自己。

第二节　用人单位心理需求分析

大四毕业生屡次求职失败，很可能与准备不充分，不了解用人单位的招聘意图有关，所以建议广大毕业生在求职时，应学会揣摩用人单位的求才心理，做到有的放矢地去求职。从心理学角度分析，目前社会上用人单位招聘人才有以下心理。

1. 求“专”心理

专业对口是用人单位录用人才的首要标准，尤其是一些工科、经济、法律等专业性很强的单位。所以毕业生求职首先应找专业对口的单位，这样可大大提高命中率。

在专业对口的前提下，用人单位会对求职者提出专业技能的要求，这就要求大学生一方面要靠平时的努力学习和积累，另一方面要学会包装自己、展示自己，毕业生求职时要突出你对这门专业掌握的精深，以体现出你的专业深度，对这样的人才，用人单位心理上是会考虑接受的。

2. 求“全”心理

要求毕业生一专多能、多专多能是用人单位的重要标准。目前社会上风行的考证热，实际上就是这种要求的反映。证多不压人，大学生一方面应多考些计算机等级证，大学外语四、六级证书。另一方面应考到与自己专业有关的资格证，如中文专业的可考个文秘资格证，法律专业的可考个律师资格证等。而在求职时，毕业生应突出这些证书的地位和作用，以体现自己知识面宽广、自学能力强、有经验积累等全才优势，以满足用人单位求全的心理。

3. 求“通”心理

求通心理是众多用人单位对人才的强烈要求。某一专业相当精通，又能在相关领域大显身手，当然受欢迎。不但各相关专业皆通，并且在某一领域内，对其国外情况也很精通的人才，则更受欢迎。如IT专业知识不错，外语又是六级以上水平；熟知本国法律，对发达国家的相关法律又能精通等复合型通才，可以说，是目前职介市场上最抢眼的、也是最抢手的人才。

对此，大学生一方面应多方努力将自己打造成复合型人才，另一方面求职时，应着力突出自己在“通”方面的优势，有证书、有能力的学生千万不要“犹抱琵琶半遮面”，应“一个都不能少”地抖出来。

4. 求“变”、求“异”心理

求变是指用人单位，面对瞬息万变的社会对人才所作出的要求。要求求职者心理素质好，应变能力强。对于不断变化的情况，能及时调整心态积极应变。如全球著名公司普华永道，每次招聘面试时，都有一个保留项目，让求职者根据所抽到的题目，如美国总统选举、网络等，发挥自己的想象力和变通能力，画一幅画，用以测试求职者的应变能力。

求异是一些单位尤其是公司，喜欢选择一些突发奇想、富有创造力的求职者，以能在险象环生的商场中出奇制胜。有一名毕业生在一家大公司的面试时遇到“1+1=?”的问题，这名平时喜欢创新的大学生，思考一番，突发奇想，脱口而出，“1+1

你想它等于几，加以努力，就等于几”。结果这名求职者，在数千名高手如林的求职者中脱颖而出。对于用人单位的求变求异心理，广大毕业生应认真对待，首先应分析用人单位的类型和风格、用人原则等，以找到用人单位的突破口，有的放矢地展现自己的变异能力，以找到理想的工作。千万不要毫无对象和准备地求变求异，从而弄巧成拙。

5. 求“优”、求“诚”心理

求职者又红又专，既是专业能手，又是学干、党员，为人诚恳，对人对事能坦诚相待，为众多用人单位，尤其是国家机关、事业单位所看中的。仍是1+1的问题，但这回是公务员面试，结果一位同学因看过上述1+1的成功例子，也来个突发奇想，结果被毫不留情地给刷了。因为1+1=2是不争的事实，而标新立异的答案，表明你不诚实，公务员的首要素质是诚实，所以被刷也是理所当然的。为此，大学生一方面应展现自己的优良的政治素质和能力；另一方面，面对面试中不了解或不太了解的问题，应诚实告之，千万不要不懂装懂，或乱说一气，这很可能造成用人单位对你的不信任，给你扣上一顶不诚实的帽子，那样就绝对没戏了。

第三节　如何调整好就业心态

高校毕业生所具备的能力与用人单位对人才的需求标准间究竟有多大距离？这是一个很复杂也很难解决的问题。一方面，现在大学生在就业时普遍缺乏就业力，普遍存在焦虑、不安甚至盲目心态；另一方面，用人单位尤其是企业则总是抱怨大学生不“职业”，眼高手低、难当重任。这两方面的分歧使大学生与用人单位尤其是企业间有了一道难以逾越的鸿沟，阻碍大学生就业。不过，现在越来越多的人开始为大学生缺乏就业力操心且进行有针对性的引导。目前我国在高校大学生就业工作方面推出的以创业带动就业的发展战略，就是注重实践与理论相结合的有益尝试。

其实，企业对大学生在就业力缺乏方面的看法中，应聘者的态度是企业认为的最大的问题。用友软件股份有限公司的培训经理唐长军认为，大学生刚刚到企业工作，达不到企业用人标准很正常。企业录用大学生是看重其可塑性比较强，学习新知识新事物快，并愿意做一些繁重的活而增强企业活力，但如果大学生缺乏主动心态则很难得到企业青睐。他说："学生时期是一种被动的心态，是接受的心态，而企业则希望每个员工有一种主动的心态，主动关心企业的心态，主动工作的心态，要有主人翁的精神，而现在学生比较缺乏这种精神，急需有一个心态的转变。"

有一颗平常心，可以从零做起，这往往是毕业生最难做到的，虚心的态度是极为缺乏的。现在的毕业生认为自己什么都会，经常要求一到公司就担当重要职位，但到公司才发现其实实际操作与课本学到的内容相差太多，而且要在一个公司内挑大梁至少得了解公司文化，结果到公司后才发现自己其实什么都做不了。

目前的就业形势比较紧张就业压力大，这是不争的事实，而大学毕业生的人数又比过去增加了很多，无形中更加剧了这种紧张形势。由此而带来的冲击更多时候并不是如宣传所说的成为前进的动力，相反的是造成了广泛的心理焦虑。这是指由心理冲突或个人遭受挫折以及可能要遭受挫折而产生的一种紧张、恐惧的情绪状态。而过度的焦虑无疑会对大学生就业产生消极影响，它不仅会抑制大学生的正常思维，而且使注意力难以集中，记忆力明显减退，从而影响大学生正常的学习和生活。大学毕业生面临严峻的就业形势产生焦虑心理在所难免，但要实现顺利就业，就必须认清就业形势，正视就业现状，转变就业观念，适时调整就业心态，从而把握就业机会。

就业是人生发展中的重大转折点，是大学生从“学生”向“社会人”过渡的重要阶段。大学毕业生择业认知心理是指他们在择业过程中对自己、对职业及其周围社会环境等的认识、了解和择业中对事物的推理与判断。大学生要进行心理调整，克服就业焦虑心理，关键是要转变就业的思想观念。要打破传统的事事求稳、事事求顺的思想，树立市场竞争的观念。明白求职过程就是竞争过程，即使你得到了比较理想的职业，如果缺乏竞争意识，不再继续努力，也会失去这个工作。有竞争就会有风险，确立竞争意识，不怕风险和挫折，焦虑心理就会得到缓解。面对就业焦虑，进行理性思考是基础，根据情况的变化更新自己的思想观念是关键。

只有正视就业压力，才会迫使自己积极行动起来。因为适度的心理焦虑能产生压力，这种压力可以变成动力，它可增强人的进取心。但是，如果心理过度焦躁、不安，自己又不能在一定时间内调整这些情绪，这些情绪就会成为心理障碍或者心理疾病，会严重影响人主观能动性的发挥，甚至会埋没自己的潜能，给就业带来额外的困难。

在日常生活中，我们对焦虑心理的评估可以是客观的，也可以是主观的。面临就业，自己正处于严峻的形势之中，这时的焦虑心理是一种正常反应；如果我们对自身和就业形势做出不切实际的评估，即不能正视就业形势，则产生的焦虑心理就不是一种适应性的反应，就会使我们自己感到异常紧张，严重时会导致焦虑障碍，因而正确的认知培养是端正心态的基础。

在没有经过社会化洗礼之前，一方面许多学生自我认知并不准确，有的产生自负心理，主要表现为择业期望值很高，不愿承担艰苦的工作，不愿到经济欠发达地区和基层去工作，往往会给用人单位留下“眼高手低、浮躁虚夸”的不良印象；有的产生自卑心理，主要表现为对自身的素质和就业竞争能力评价过低，不敢主动向用人单位推销自己，不敢主动参与就业竞争，陷入不战自败的困境之中。另一方面，对外围环境认知不确切，对环境估计不足会出现坐等心理，坐等就容易失去机会，如果学生思想不切实际，只注重经济意识和区域观念，讲究金钱第一、环境条件第一，不愿到待遇差、条件差的地方，就会容易出现“高不成，低不就”的状况。具有理想化趋向的大学生在就业过程中便会出现决策犹豫心理，从而错过一些良好的就业机会。

焦虑心理会让大学生觉得紧张和担忧，良好的心态有利于他们把握就业机会。在就业过程中，大学生既要适当地放松自己，使自己保持一个平和的心态，又要注意把握机会，不能让就业的机会与自己擦肩而过。把握机会并不是越紧越好，就像我们手中的沙子，有时候你握得越紧，留下得就会越少，所以把握适度的焦虑和适度的放松，才能让自己始终拥有一个良好的心态。放松心情的有效方法有多种，比如运用想象的方法来减轻焦虑，我们可以想象就业过程中可能出现的焦虑情景，进而放任自己体验焦虑心理，同时随时提醒自己，焦虑心理虽然让自己不舒服，但没有多大危险性，至少不会致命，在想象中，我们就可以与焦虑共存了。另外，进行适量的体育锻炼，听听自己喜欢的音乐，也能够调整紧张情绪。

一 、认清自己的处境

有的人，满怀一腔热血，给自己定下高目标，当状元、精英、大款，结果一个浪头打来，就开始唉声叹气；有的人，怀着试试看或者没别的出路暂时干着的心态，和前面说的情况刚好相反，起点定得很低，遇到一点挫折，就感到昏天黑地，认为自己这样低的要求都达不到，沮丧失望得不得了。上述两种情况，都是没有认清自己处境的表现，太偏颇、不客观。所谓认清自己的处境，就是要明确知道自己是在一个高竞争而门槛低的行业里面就业，因此，要如履薄冰地谦虚，同时要奋发图强、不可倦怠、积极学习行业技能。这样一来，就能应付自如了。

二 、调整自己的心态

不要因为自己在入行门槛低的职业里面就业，从心里先矮别人三分，自卑心理万万要不得。谦虚谨慎一点，不是自卑，如果一个职业人认为自己的职业矮人三分，自己等于未战先输了。因此，积极地调整好心态是在入行门槛低的职业就业的前提。

三、提高自己的技能

有的人觉得，自己所从事的职业是个人培训一下，甚至不需要培训就能上岗，于是，对业务技能采取回避的态度，显然是错误的。任何职业，干好、干长的前提都是精通业务，所谓行家里手说的就是这个道理，不能让自己成为专家，也至少应该通晓常识，这样才能有信心和底气在所从事的职业里面站住脚跟。

四 、坚信未来的前景

有的人，遇到困难，不从自己身上找原因，喜欢强调客观，比如行业不景气、竞争激烈、人员复杂、职业形象差、没社会地位等，就是不从自己身上找原因。从事一个行业，先要看到前景，先要对前景乐观，否则干事的动力就会丧失，没有了动力，就不可能有业绩和发展的可能性。在求职的这一时期，是毕业生选择和被选择时期，也是毕业生存在较多就业心理问题的时期。

现将常见的就业心理障碍、产生原因及其调适方法略述。

（一）在就业过程中，常见的心理障碍

（1）自卑心理。一些学生认为自己实力不如他人，学校名气不如名校，在就业过程中缺乏信心，缺乏勇气，不敢竞争，导致自己丧失就业机会。

（2）焦虑心理。这一时期，很多同学会过多考虑自己愿望能否实现，用人单位能否选中自己等问题，精神负担沉重，心神不宁。

（3）怯懦心理。有些同学在面试时面红耳赤，语无伦次，答非所问；有些同学在面试或试教中怕说错话以致影响用人单位对自己的印象，从而小声说话或不敢说话。

（4）依赖心理。有些同学不愿把自己推向市场参与竞争，而是把希望寄托在父母、亲戚、朋友身上，依赖他们找工作，产生一种非常不积极的求职态度。

（二）自我调适 的途径和方法

（1）自我反省。遇到困难要冷静思考，重新评价、定位自己。应当明确自己的择业方向、爱好、特点、性格、气质；多想自己最适合干什么，自己的优势和劣势是什么，自己择业失败最主要的原因是什么？只有通过客观评价，才能使自己在就业中处于更有利的地位。

（2）适度宣泄。因受到挫折而造成心理失衡时，可以向老师、朋友倾诉，或者进行适当的体育运动。

（3）正视现实。现实是客观的，对自己的发展有利有弊，关键是怎样用“利”来消除“弊”，同时也要调整期望值。

（4）敢于竞争。不敢竞争，是就业咨询过程中发现的很多毕业生存在的问题。“毕业生与用人单位双向选择”，与过去的分配制度相比，充分体现了竞争机制。同学们可以结合实际，通过适当的途径和方式推荐自己，要敢想、敢说、敢干，充满信心地迎接挑战。敢于竞争，还要善于竞争；单靠“勇”还不行，还要“有谋”，面对职位、面对对手，要深思熟虑，掌握技巧，抓住重点。

（5）不怕挫折。有些同学遭受挫折后，就抱怨社会不公，自暴自弃、丧失信心。在这样的心态下去求职，一般都不会成功。试想：连自己都不相信自己，谁还能相信你？因此，必须保持平衡的心态，寻找自己失败的原因，吸取教训，去面对新的竞争。

第四节　加强受挫能力训练

一、不可忽视的大学生就业中的挫折教育

在当前严峻的就业形势下，任何一名大学生的就业都不可能说是一帆风顺。不时见诸报端的大学生在求职过程中因遭遇挫折而出现的极端事例，令人扼腕叹息，高校在就业指导中增加挫折方面的教育，显得尤为重要。

二、大学生为何会不堪一击？

回望一个又一个让人痛心的事实，不禁要问：这些早已成年的大学生，为何会在挫折面前变得如此脆弱，甚至不堪一击？

这或许需要从当代大学生的成长环境、所处时代背景等方面来分析。

我国“90后”的大学生多是独生子女，是在改革开放中成长起来的新一代。良好的社会发展环境，让“90后”的独生子女在生活上基本上是有求必应。与他们的上一代相比，他们基本上没有经历过什么挫折。对于什么是苦难、什么是艰辛、什么是来之不易，除了字面上的感知外，没有更深的体验和感觉。一个没有经历过挫折的人，一旦遇到困难，也不论困难是大是小，势必会在其心理上造成极大的负担和阴影，如果这种负担和阴影长时间得不到化解，难免会让处于成长中的青少年采取让人意想不到的过激行为。

当前，我国的改革开放正在向着更深、更广的方向发展，高等教育同样也是如此。在高等教育从精英教育变成大众教育的时代大背景下，人们对接受高等教育的期望值并没有下降，都渴望接受高等教育之后，能实现自己的人生理想和人生价值，能够得到社会更多的认可，能够创造更多的财富和价值。

在这种期望值下，又面临着我国适龄劳动力与市场能够供应的就业岗位存在不平衡的现状，花费数万元接受高等教育的青年学子，如果到头来连一份维持温饱的工作都难以谋到的话，势必会感到不可理解和不能接受，而这种现状又恰恰是中国处于社会转型期的一种必然。

三、就业心理需要怎样调适

在当前高校毕业生就业难的社会大背景下，绝大部分大学生求职都不会一次成功，都会不同程度地遭遇挫折，在这种情况下如何调适心理显得尤为重要。事实上，现在很多高校在学生的就业指导上，多注重为学生提供就业信息和求职技巧方面的指导，但在大学生求职遭遇挫折后该如何调适心理等方面，却少有涉及。

武汉科技大学中南分校高教所的廖小磊认为，高校应通过就业指导、教师疏导、媒介影响、丰富多彩的毕业生活动等多种措施对大学生加强引导、缓解就业求职的心理负载，实现大学生在新时期的和谐就业。

尽管我国目前大学生就业形势十分严峻，但仍要客观地看待。一个国家接受高等教育总人口的增多，对提升一个国家国民总体素质具有十分重要的意义，可以直接推动一个国家的发展与进步。当劳动力成为生产中的一个要素时，劳动者的素质如何会直接决定他创造的价值以及他为社会带来的财富、他对推动社会的发展与进步所作出的贡献。

青年接受高等教育是一种社会发展的必然，尽管接受高等教育之后未必就能在短时间内得到应有的回报和认可，但从历史的角度、发展的角度看，他终究会得到应有的回报和认可，大学生当理性对待当前的就业形势。

四、以成功者为榜样激励自己

许多成功者，在他们成功以前，也大都经历过这样或那样的失败。他们之所以能最后取得成功，最根本的原因，就在于他们自信心，在于他们的坚持与不懈的努力。请看成功者在未成功前经历的失败案例。

（1）一位面试官拒绝了一个年轻人的请求，因为他的嗓音不符合广播员的要求。面试官还告诉那个年轻人，由于他那令人生厌的长名字，他永远也不可能成名。这个年轻人就是后来印度电影界的“千年影帝”阿穆布·巴克强。

（2）1962 年，4 个初出茅庐的年轻音乐人紧张地为“台卡”

唱片公司的负责人们演唱他们新写的歌曲。这些负责人对他们的音乐不感兴趣，拒绝了他们发行唱片的请求。其中一位甚至还说："我们不喜欢他们的声音，吉他组合很快就会退出历史舞台。"这 4 个人的音乐组合名字叫作"披头士"。

（3）1944 年，"名人录"模特公司的主管埃米琳·斯尼沃利告诉一个梦想成为模特的女孩——诺马·简·贝克说："你最好去找一个秘书的工作，或者干脆早点嫁人算了。"这个女孩后来的艺名叫作玛丽莲·梦露。

（4）1954 年，"乡村大剧院"旗下一名歌手首次演出之后就被开除了，老板吉米·丹尼对那名歌手说："小子，你哪儿也别去了，回家开卡车去吧。"这名歌手名叫艾尔维斯·普雷斯利，绰号"猫王"。

（5）1940 年，一位年轻的发明家切斯特·卡尔森带着他的专利走了二十多家公司，包括一些世界最大的公司。它们无一例外地拒绝了他。1947 年，在他被拒绝 7 年后，终于，纽约罗彻斯特一家小公司肯购买他的专利——静电复印。这家小公司就是后来的施乐公司。

（6）有一个黑人小姑娘，在家中 22 个孩子中排行 20，由于她出生时早产而险些丧命。她 4 岁时患了肺炎和猩红热，左腿因此瘫痪。9 岁时，她努力脱离金属腿部支架独立行走。到 13 岁时，她勉强可以正常地行走。同年，她参加了一项比赛，结果是最后一名。随后的几年，她参加每一项比赛都是最后一名。每个人都劝她放弃，但是她坚持着。直到有一天，她赢得了一场比赛。此后，她在每一场比赛中取胜。这个黑人小姑娘就是"黑色瞪羚"威尔玛·鲁道夫，3 枚奥运金牌的获得者。

第五节　高校文化建设中存在的主要问题

一、文化建设偏离高校主流价值，不利于提高大学生的整体文化素质和大学的办学管理水平

高校的主流价值，首先体现在汇聚了大批的具有专业特长的人才和享有一定声望及引领知识经济和未来发展的教授和教师骨干团队，体现在高校不同于其他社会机构的对于高、深、精等学科领域学问的不懈追求。正是由于高校独特的人文追求和奉献精神以及大师们在自然科学、社会科学等方面的独特造诣，影响甚至改变了社会经济和人们的价值取向与人生定位，因此，大学也因此被誉为人类精神追求的最高殿堂。大学教授尤其是他们中的德高望重者，更因为他们特殊的影响和造诣成为高校最宝贵的财富，吸引了众多学子和社会的关注。所以，大学的主流精神首先应体现为对社会的发展和建设所做出的积极奉献、大胆探索与质疑精神，体现在为造就一流大师而提供的良好环境上，这也是每所大学应共同追求的发展方向。因为，谁拥有了为数众多的国家级、世界级大师，谁就拥有了国家知名、世界一流的学术资质和地位。正因如此，世界发达国家，毫无例外地都把本国有名的大学作为本国科技和人文发展水平的一个重要方向标，如北京大学在学术研究上的自由民主及兼收并蓄氛围，牛津大学的崇尚科学与发明精神等。

简而言之，高校并不仅仅表现为高楼林立、占地面积宏大以及学生的众多。然而，随着近年来我国经济的持续快速发展和高校连续多年的扩招以及西方重享受、轻奉献思想的影响，高校校园里也刮进了讲排场、重奢华、和大学主流文化精神相背离的倾向。学校的教学楼、图书馆、实验室建设等工程，似

乎不豪华就称不上现代，体现不出学校的现代化气息。于是，相当一部分高校在基础设施的图纸设计、校园规划上，呈现出越来越高档的现象。尤其随着近年来高校扩招步伐的加快，这种趋势更是愈演愈烈。明明是教室场地严重短缺、不能适应学生大规模剧增的需要，然而学校以及有关的决策部门还是建上了商业楼、写字楼等工程，致使学校花费了大量的人力物力建成的豪华写字楼，因为不适应教学与科研的需要而不能得到充分的利用，或因不会经营、不善经营等原因，变成了空楼、租用楼，直接给本来就资金紧张的高校带来严重的经济损失，极大地挫伤了教职员工的主人翁积极性和责任心，导致了学校内部的不团结和矛盾，不仅严重浪费了我国有限的土地资源和人力资源，而且影响了难能可贵的校园安全稳定。同时，由于学校将有限的资金直接用于高楼大厦等场馆的建设，必然使高校有限的教育经费受到直接影响，导致必要的教学实验仪器购置因资金的缺乏而被搁置或取消，重要的学科建设和科研工作因缺乏必要的经费而挫伤了教师从教及科研的积极性和主动性，直接影响了正常的教学和科研水平，导致大学中的高水平的研究人员和教师人为的离开或消极待岗。这些必然对高校的科研和教学造成一定的负面影响，影响大师和大师梯队的形成与发展，与大学的人文精神主流相背离，使大学的凝聚力和向心力下滑，导致大学办学质量的严重下降，与提高国民素质的初衷相背离。

二、校园文化建设中过度的商业化倾向，不利于对大学生高尚人格和品德的培育

近年来，随着我国高等教育的改革和发展，大学越来越朝着大众化的方向发展，高校与社会的互动关系也日益密切，这本来是好的，它可以促进大学的教学与科研朝着服务大众、服

务社会并促进社会进步、文明和谐方向的发展，从而更快更好地将大学的科研成果转化并应用于社会实践，并导引高雅文化向大众的普及。然而，在某些高校，由于不适当的引导和宣传，直接导致了师生的文化短视，尤其是某些财经类的高校，教管理的教师似乎不去经商就没有讲课的资本，搞市场营销的学生，不在校园中堆积商品销售，将来就成不了大器。一时间，社会上的商品大潮、经济大潮、提前消费等观念和思想，给高校的正常教学带来了不小的冲击，导致正常的课堂秩序难以维持，学生因忙于经商而旷课、逃课现象屡见不鲜。尤其是随着我国对外开放步伐的加快和改革的进一步深化，西方各种各样的思潮、思想和政治主张正如洪水般向我国的大学校园卷土而来，直接对在校大学生的人生观、世界观、价值观产生强烈冲击，给高校的文化建设带来了前所未有的压力和阻力。加之原有的已经下海人员的示范效应，一些大学教师和学生，主动放弃了自己的主业和学业而投入商海，期冀短期发财和暴富的念头时有发生。这种思想和行为，必然导致大学校园中的商业气氛浓厚，投机色彩弥加。有些商家，更是看中了高校这个巨大的消费群体，不惜想方设法将产品推介和毕业生招聘混为一谈，使清静的大学校园不再平静，直接或间接地影响了大学校园文化建设的初衷，不利于对大学生高尚品德和人格的培育。

三、校园文化建设庸俗化的倾向泛滥，不利于大学生的身心健康发展

大学作为人类精神殿堂的重要场所，应注重对学生独立精神和高尚情操的熏陶培育，并始终应把此项工作作为各项工作的重中之重。事实上，高校的职责并不仅仅是对学生传授知识和技能，还应尽力让学生适应一定的文化习惯，使之最终成为较好的公民，相对而言，后者较前者重要得多。然而，目前我

国的大学校园，缺失的恰恰是大学文化精神的精髓部分。许多高校将学生的知识培训、就业培训放在了重要位置，却忽略了对学生人品和人格的培养，忽略了对学生良好习惯和更高精神需求的熏陶与引导，致使一部分学生掌握了先进的文化知识却丢失了宝贵的做人准则，掌握了现代进军商场的秘诀却丧失了平和、宽容的人性修养，有些大学生则走向了自卑、自私甚至堕落歧途。近年来，在社会媒体上频繁出现的高校毕业生自杀、出走等报道，从另一个侧面印证了西方消费文化对中国高校校园文化巨大的冲击。当然，大学校园并非是一块人间净土，高校师生当然也不应该不食人间烟火，然而这类事件本身却向我们敲响了警钟，那就是：保持并提倡大学校园中高雅精神文化追求是多么重要和必不可少。因为，唯有大学校园中的高雅文化树立起来了，才能形成健康向上的文化氛围，营造和谐融洽的人文精神，培育出乐观坚强、善于为人类的共同发展和进步而献身的大师和大师团队。我们并不否认各种各样的最新知识讲座、最新技能培训和交流的重要性，但它们相对于培育出百折不挠、英勇顽强和善于在艰苦环境中成才的人类工程，孰轻孰重，泾渭分明。然而，令人遗憾的是，我国现在的许多大学，缺失的恰恰是这一最为宝贵的文化追求精神和典范。这不能不令人痛心，不能不发人深省。因为，大学的最大的作用，并不完全在于为社会输送了多少劳动力和技术人才，还承担着教化人心，引导人伦、导人向善、引领未来的作用，更直接对一个国家和民族的未来起着举足轻重的方向标作用。

四、校园文化建设中的浮躁化情绪，不利于学生的全面发展

当前，我国正处于经济和社会发展的转型期，在各种各样的错综复杂的形势面前，人们都需要一个不断适应和甄别的时

间和过程，也难免在此阶段表现出相应的急躁或浮躁的心态。高校的校园文化建设同样如此。在剧烈的社会变革面前，由于高校的相对独立性和教育周期性等原因，高校的校园文化建设或因为缺乏明确的教育主题，或由于主流文化建设的缺失、不到位，而使相当一部分高校的校园文化建设，未能表现出前后一以贯之的风格和特色，相反则常常为某些日常性工作事务所羁绊，使校园文化建设沦为日常性事物的奴役，染上了庸俗化的倾向，客观上给人以为宣传而宣传，为营造氛围而出展板、挂条幅等印象。有许多宣传性的舆论营造，则成为匆匆过客，当此工作一旦完成，这些营造的校园文化气氛也就因为时效短、缺乏共性和针对性而失去了它应有的价值，导致花费了大量的人力物力所营造的宣传氛围仅仅是昙花一现，少则一天，多则三五天就会消失得毫无踪影，使校园文化建设流于形式，使原本严肃高雅的大学校园文化庸俗化。这种现象，给高校师生的一个直接印象就是条幅天天有，今天你唱明天我亮相，至于宣传的啥内容，齐曰："不知道!"这种情况，是负有人类工程师称号的高校教师所不能接受的，也体现不出"十年种树，百年育人"的育人宗旨，对学生的全面成长起不到应有的良好效果。

五、校园文化建设中的无目标性，不利于和谐校园建设

大学校园作为高雅精神活动的殿堂，其文化建设本身应以严肃活泼、健康向上为其主题，以有利于学生身心健康为目标，以育人向上、快乐成长为出发点，全面体现以人为本的宗旨。事实上，大学作为特殊的育人机构，之所以吸引年轻人，其主要的原因除了其自由、宽松、和谐的人文气氛外，还在于它是认识未知世界、探求客观真理、为人类解决面临的重大课题提供科学依据的前沿，是知识创新、推动科学技术成果向现代生

产力转化的重要力量，是民族优秀文化与世界先进文明成果交流借鉴的桥梁。但是，近年来，在相当一部分大学校园中，由于在校园文化建设过程中表现出的滥竽充数和在学校办学目标、未来发展定位等方面的模糊，使得高校大学生对所学专业和将来就业都产生了很大的困惑，学生参与社团活动和学校集体活动的积极性也因此出现了萎缩和下降的趋势。有相当一部分学校，将文化氛围的营造和校园文化建设简单的理解成了校园活动，认为不搞活动就没有营造校园文化氛围，而唯有活动越多，校园文化氛围才越浓厚。由于出发点的单一和流于形式，有些甚至和学校正常的教学活动相冲突，所以直接造成了部分教师对这些活动的不满和责难，学生的参与积极性也因此受到打击和影响。尤其是有些学生干部，因忙于应付学校分派的各种各样的活动而直接导致了学习成绩的下降甚至亮红灯，在师生间造成了负面的影响。

综上所述，我们认为，大学校园文化建设，应有一个明确和长远的发展主题和目标，大学的校园文化建设，应真正地起到引导师生向上、引导学校健康发展、引导社会未来发展的积极的作用。它应有一个鲜明的主题和一以贯之的口号，以鲜明独特的人文精神，化为高校师生努力和发展的目标。

第六节　浓郁高校文化建设氛围

（1）加大民族精神培育是高校义不容辞的首要任务。文化是社会发展的重要内容，是人类进步的显著标志。著名文化学家陈序经认为：“文化是人类适应时代环境以满足其生活的努力的工具和结果。”《国家“十一五”时期文化发展规划纲要》认为：“文化是一个国家和民族的灵魂，集中体现了国家和民族的品格。”人类文明的历史告诉我们，一个民族的兴盛，必定是从文化的繁荣开始的；一个民族的发展，离不开文化的支撑：“人类所创造的文化程度如何，又往往靠着人类的对于这一方面的努力如何。”〔1〕任何一个国家的繁荣富强主要靠硬实力和软实力两种力量。而文化软实力是相对于表现为物质力量的硬实力而言，主要体现为文化感染、价值认同、民族精神、时代精神、理论思维、舆论引导、战略决策、制度建设、政策法规、国民形象等影响力、吸引力、和说服力。在国际较量中，一个国家的硬实力不行，可能一打就败；一个国家的软实力不行，可能不打自败。而贯穿软实力经纬、维系软实力灵魂的，就是文化。因此，文化软实力从根本上和长远上看，关系着民族兴衰，国家强弱，人民贫富。

（2）正确引导大学生看待发展中出现的问题。如何引导大学生正确对待和化解在求职过程中因遭遇挫折而产生的恐惧、厌烦、甚至违法犯罪、轻生等念头和心理，需要高校在就业指导中增加心理健康教育方面的内容，而不仅仅是把就业指导放在就业形势宣讲与求职技巧介绍上。这需要从两个方面努力：一是专门在高校的心理健康课程中增加这方面的内容。现在高校基本上都建有相应的心理健康教育体系，这为高校开展这方面的工作提供了前提。通过心理健康教育让学生调适心理、学会应对。二是在后期就业指导中，增加法律法规教育，树立对法律法规的敬畏心理，以及对自己生命的热爱与敬仰，引导学生以阳光的心态、健康的心态面对一切。

学校教育，以人为本，高校毕业生就业工作当然也不例外。要教育和引导大学生不至于在求职过程中因遭遇挫折而采取过

---

〔1〕 余英时：《现代危机与思想人物》，三联书店2005年版，第23页。

激行为，这也要求高校把以人为本的教育理念贯彻到就业工作的每一个环节。正如不积跬步无以至千里、不积小流无以成江河一样，大学生因遭遇求职挫折而采取过激行为，也有一个量变到质变的过程。

在中国共产党的强有力领导下，经过三十多年的改革开放，我们的硬实力发展很快，国内生产总值（GDP）已经上升到世界第二位，仅次于欧盟；外贸出口是世界第三位，仅次于美国和德国；外汇储备世界第一；我们的国防力量也令国际密切关注，毋庸讳言，我们的硬实力增长是很令人欣慰的。但是，我们必须看到，与此相对应的是我们的文化软实力存在较大的落差。从国内看，思想文化多元化、多变，交融、交锋，良莠并存，社会主义核心价值观尚未在大多数国人中形成共识，理想信念、道德规范、文化认同、干部形象、民族和谐等问题尚有待改善，歪曲事实、扰乱人心、毒害心灵、污染社会的文化垃圾时现网络媒体。从国际对比来看，我国文化产业所占的比例，大大低于发达国家已经达到的10%以上的水平，我国在世界文化市场中所占的份额也相对较少。其中，音像制品、电影电视节目、新闻传媒、图书杂志在世界市场中所占的份额，同我们这个经济大国的身份很不相配，我们的文化软实力依然是一个短腿。这种状况如果不加快改变、扭转，对内将不利于统一思想、凝聚人心、弘扬正气、振奋精神、团结和谐、增强合力；对外则不利于传播中国声音，不利于树立中国形象，不利于中国掌握更多的话语权，最终也必然要制约中国硬实力的发展。因此，必须从大国崛起的战略高度来重新审视并确立发展我们文化软实力的战略方针，加快我们文化软实力的能力培育。

（3）细化对毕业生的就业心理有针对性辅导。如果高校能系统地提供针对毕业生在就业与创业过程中的跟踪服务和指导力度，加大对他们的关心、关怀、帮助和指导，提供给他们急需的就业信息和求职帮助，并进行团体的跟踪分析与研究，鼓励毕业生坚强面对挫折与困难，我们的青年大学生就可能缩短与职业人之间的距离，许多不应有的问题或让人痛心的悲剧就可以避免。这也告诉我们，高校在毕业生就业工作后期，需要重点关注那些多次求职仍未果的学生，帮助他们分析、解决问题，化解心理矛盾，实现顺利就业、和谐就业。

从发展文化学的角度来看，文化发展和社会发展的方向是一致的：即文化的发展既有利于生产力的解放和提高，又不破坏自然环境；有利于社会的公平和进步，又不妨碍经济发展；有利于人的解放和全面发展，又不损害社会和谐〔1〕。文化的这一特点，决定了其交流的方式也必然是多维度全方位的。2011年3月颁布的《中华人民共和国国民经济和社会发展第十二个五年发展纲要》第九部分明确指出，要“推动文化大发展大繁荣，提升国家文化软实力”，“把握正确舆论导向，提高传播能力”，“加强对外宣传和文化交流，创新文化‘走出去’模式，增加文化竞争力和影响力”，从国家战略的高度对我国对外文化交流提出了明确的方向和任务。在这样的背景下，梳理中华文化脉络，整合中华文化特色，加大弘扬中华文化路径，尤为必要。

现代大学作为文化发展的重要载体，具有继承、传播、选择和创造文化的功能。校园文化作为高校发展建设中的一项重要工作，因其参与者办学主张和办学目标的不同，而呈现出各具特色的靓丽风景，为愉悦师生身心、健康大学生活起到了良好的推动作用，对构建和谐社会也起着积极的示范和影响作用。

---

〔1〕 刘彦武：《发展文化学·绪论》，中央编译出版社2009年版，第3页。

由于高校文化建设的独具特色和其所散发出的特有魅力，大学的科学精神、人文传统、创新意识、高雅娱乐形式等，在一定程度上影响了高校周边的文化建设和人文环境，形成了独具中国特色的高校文化底蕴，引领着高校周边地区的文化水平和社会精神追求。当然，因地理区域、周边环境、经济发展水平和人们精神状态的不同，具体到每所高校，其文化建设在目标定位、文化层次的高低上，也就必然存在一定的差别。但无论是文化建设的定位还是发展目标的同中有异，其共同的出发点都是基于以下共识，即大学的校园文化建设必须体现为培养合格人才、浓郁学术氛围、提升师生综合素质等服务性的要求，在从属于教学科研的同时，保持着自己独特的魅力和风采。然而，在当今的大学校园中，却存在着与大学主流文化精神相违背，为活动而活动，为营造氛围而进行造势等庸俗化的倾向，对此，必须引以为戒。

第七节　加强和改进当代大学生思想政治教育的对策

一、要大力加强理想信念教育

理想信念教育是大学生思想政治教育的生命线，是大学生的精神支柱和奋斗源泉，是中国特色社会主义事业的根本目标和任务。邓小平说："现在中国提'四有'，有理想、有道德、有文化、有纪律，其中我们最强调的是有理想。"要坚持用中国特色社会主义理论武装大学生，高扬意识形态的旗帜，激发大学生的政治热情，引导大学生树立建设中国特色社会主义，把我国建设成为富强、民主、文明的社会主义现代化国家，实现中华民族的全面复兴伟大理想。大学生坚定信念就是要坚持用邓小平理论、"三个代表"思想和科学发展观等中国特色社会主义理论，引导大学生认识到自己的社会责任和时代责任，坚定社会主义、共产主义的理想信念。这对于大学生树立正确的世界观、人生观、价值观，坚定发展信心都有积极作用。

二、发挥思想政治理论课教育主渠道作用

思想政治理论课是每个大学生的必修课程，也是高校对大学生进行思想政治教育的主渠道和基本环节。对大学生进行马克思主义理论教育，与时俱进地推进中国特色社会主义理论“进教材、进课堂、进学生头脑”，目的在于用科学的世界观和方法论武装大学生头脑，使大学生树立正确的思想观念，学会用辩证的观点和方法分析问题和解决问题；思想道德教育的目的主要是培养学生良好的思想道德和正确的价值观，不断提高大学生思想政治素质，促进大学生的健康成长。

要依据大学生的思想实际，充实思想政治理论课教学内容，提高教育的针对性，重点讲解“理论重点、科学难点、社会热点、思想疑点”，释疑解惑，力争在理论上讲深、讲透、讲实，真正触及大学生的心灵，解答他们关心的重大理论和现实问题。

三、完善思想政治教育的方法和手段，丰富思想政治教育的内涵

首先，要坚持“教学方式多样化、课堂教育人性化、教学手段现代化、考核形式多元化”，实现教学方法上的“两个转变”：即变单一式教学为复合式教学，变单向式教学为双向式教学；有意识地引导学生读书、研讨、对话、撰写论文，促进学生探讨理论问题，养成理论思考的习惯，从而使主渠道、主阵地成为吸引学生的一道亮丽“风景线”。

其次，要改革思想政治理论课教学方式和手段。一是在与学生兴趣点的结合上找准，二是在与学生最佳接受点的结合上

做实，三是在与学生成长成才的结合点上起到促进作用。为此，可采取专题式教学、讨论式教学、案例式教学等方法，增加师生间的互动，在充分发挥教师主动作用和学生主体作用中达到最佳教学效果。

再次，要加大建设思想政治理论课教师队伍的力度。中央16号文件强调指出："思想政治教育工作队伍是加强和改进大学生思想政治教育的组织保证。"思想政治理论课教师是对大学生进行思想政治教育的主力军，是党的理论、路线、方针、政策的宣讲者，是大学生健康成长的指导者和引路人。要加大力度，建设一支政治坚定、品德优良、业务精湛、作风正派、理论扎实、结构合理的队伍，要加强队伍管理、培训，完善教师考核、激励机制，培养精干团队。

最后，要强化专业课教师的强大优势。在对学生的思想政治理论课教育方面，要进一步发挥专业课教师与学生接触密切、专业权威等优势，利用好学生对专业课教师的信赖，应充分发挥专业课教师的积极作用。专业课教师应将专业知识的传授与党和国家关注民生、关注个人发展的最新惠民政策和信息传授给学生，调动学生学习的积极性，帮助学生厘清学习方向，教会学生逐步学会从学习向学业、由学生到职业人等转变的规划，引导学生树立正确的世界观和人生观，从而丰富思想政治教育工作的内涵和载体。

四、加强和完善对学生的心理健康教育，营造积极健康的和谐教育氛围

心理健康教育是张扬人性的教育，是发展性教育，包括求上心态、自主意识、健全人格等，加强心理健康教育是高校德育工作的重要组成部分，是促进大学生全面发展的重要途径和手段，是实施素质教育的重要举措。河南财经政法大学的心理

健康教育从整体上来说，起步早、定位高、工作扎实、成效明显，在河南高校中有着良好口碑。但是随着经济和社会的迅速发展，特别是涉及大学生切身利益的各项改革逐步深入，大学生面临的社会、家庭、学校环境日益复杂多样，来自学习、经济、就业、情感等方面的心理压力普遍增大，由此引发的心理问题和心理疾患会日益增多，要建立相应应对措施。

一要适时出台心理健康教育预案。要加大在大学生中开展心理健康教育课的力度，在举办心理健康活动周、开展大型心理咨询和心理健康普查的前提下，制定出心理健康教育的预案，将心理咨询与人性关怀有机结合，加大心理咨询网络向各院系的倾斜力度。

二要完善对特殊群体学生的跟踪调查体系。在每年跟踪调查的基础上，通过数据对比、案例对比、案情分析等环节，完善辅导内容，更新辅导方式，增强心理辅导的针对性和主动性。

三要完善师生心理健康教育工作队伍。要切实发挥好专业心理咨询教师、朋辈咨询人员、各院（系）政治辅导员的作用，架起一道空中立体呵护网，为学生健康发展、健全心理搭建平台。

四要将心理健康教育日常化。要结合大学生反映的心理健康方面的突出问题和焦点问题进行分类指导，加强对大学生的挫折教育、耐力教育，培育学生的吃苦意识和自立能力，培育学生的感恩意识。

五要优化高校积极健康的育人环境。要积极营造和谐、宽松、舒畅的良好校园氛围，疏通学生心灵交流的管道，以学生的实际需求和情感需求为突破口，尽可能地提高学生心理健康水平、优化学生心理素质，促进高校思想政治工作的高效、有序开展。

五、注重发挥第二课堂作用，强化学生在校社会实践环节

一要坚持“理论教育与社会实践”相结合的原则。开展大学生思想政治工作，既要巩固第一课堂的主渠道作用，又要发挥第二课堂的辅助作用，将学生的书本知识与社会需求有机对接，思想政治教育与大学生自我教育相统一，延伸学校教育大课堂，增强学生对校情、民情、国情的了解和掌握，以增强思想政治教育的针对性和实效性。

二要强化社会实践教学环节对师生教学的推动作用。要加强对学生社团的管理和引导、丰富社会实践各种载体，通过暑期“三下乡”、访问革命老区、社会调查、青年志愿者服务等形式，使学生在接触社会、服务社会的过程中接受教育，增强社会责任感，巩固强化主渠道的学习效果。

六、更新教育手段，构建网上思想政治教育新平台

网络具有信息量大、传输快捷、覆盖面广等特点，网络的主角通常是年龄在16岁至28岁的青少年，而大学生正是这一群体中的主力军。在信息化时代，面对思想活跃、充满激情的这样一个庞大的网上群体，如何充分发挥网络在思想政治教育中的作用，调动大学生的自主性和参与性，是高校必须面对同时又必须解决好的大问题。一要加大人员配备，加强工作力度，增加学校网站思想政治工作的吸引力。二要开展丰富多彩的网上思想教育、交流活动。三要建设一支思想素质过硬、政治素养高、懂思想政治教育规律和网络技术的学生工作队伍。正确引导规范大学生的网上言行，实现显性教育与隐性教育、教育者与受教育者网下网上的互动和有机结合。

七、营建以校党委领导为中心，党政群团齐抓共管的思想政治教育大格局

一要强化全员育人意识，大力提倡师德师风建设。每一位高校教师既要做科学文化知识的传播者，更要发挥用正确的理念引导人、正确的方法教育人的作用，不仅要“传道授业解惑”，更要做学生的知心人、引路人和导师，真正做到教书育人、管理育人、服务育人。

二要强化专业教师德育为先、行为示范的榜样作用。调查显示，65.1%的大学生认为最信任和尊敬的群体是专业课教师，43.1%认为“对自己价值观、人生观、世界观影响最大”的是“从小受到的课堂教育”。因此要不断强化教师德育为先、行为示范的榜样作用，要充分发挥好专业课教师的人力资源、科研成果推广等优势，为加强和改进在校大学生思想政治教育，培育高素质人才做出自己的贡献。

附　件

大学生面试经典问题及回答思路

面试是大学生就业的关键一关，要知己知彼，百战不殆。下面由首席大学生就业顾问、著名职业生涯规划专家：李震东老师向大家介绍面试问题及回答思路：

问题一："请你自我介绍一下"

参考答案：我就读于××工商管理学院，我的专业是国际经济与贸易，此外还辅修了法学。在校期间，除了学习课本，我比较喜欢参加一些课外活动。包括发传单，做家庭教师，参加各种比赛和项目。主要就是简历上介绍的那些。

我比较喜欢踢足球，看各种企业培训的讲座。不知道您对哪些方面还需要进一步了解。

思路：

1. 这是面试的必考题目。
2. 介绍内容要与个人简历相一致。
3. 表述方式上尽量口语化。
4. 要切中要害，不谈无关、无用的内容。
5. 条理要清晰，层次要分明。

6. 事先最好以文字的形式写好背熟。

问题二："谈谈你的家庭情况"

思路：

1. 对于了解应聘者的性格、观念、心态等有一定的作用，这是招聘单位问该问题的主要原因。

2. 简单地罗列家庭人口。

3. 宜强调温馨和睦的家庭氛围。

4. 宜强调父母对自己教育的重视。

5. 宜强调各位家庭成员的良好状况。

6. 宜强调家庭成员对自己工作的支持。

7. 宜强调自己对家庭的责任感。

问题三：最能概括你自己的三个词是什么？

A：我经常用的三个词是：适应能力强，有责任心和做事有始终，结合具体例子向主考官解释，使他们觉得你具有发展潜力。

问题四："你有什么业余爱好？"

参考答案：

1. 业余爱好能在一定程度上反映应聘者的性格、观念、心态，这是招聘单位问该问题的主要原因。

2. 最好不要说自己没有业余爱好。

3. 不要说自己有庸俗的、令人感觉不好的爱好。

4. 最好不要说自己仅限于读书、听音乐、上网，否则可能令面试官怀疑应聘者性格孤僻。

5. 最好能有一些户外的业余爱好来“点缀”你的形象。

6. 找一些富于团体合作精神的。这里有一个真实的故事：有人被否决掉，因为他的爱好是深海潜水。主考官说：因为这是一项单人活动，我不敢肯定他能否适应团体工作。

问题五：“你最崇拜谁？”

参考答案：

1. 最崇拜的人能在一定程度上反映应聘者的性格、观念、心态，这是面试官问该问题的主要原因。

2. 不宜说自己谁都不崇拜。

3. 不宜说崇拜自己。

4. 不宜说崇拜一个虚幻的或是不知名的人。

5. 不宜说崇拜一个明显具有负面形象的人。

6. 所崇拜的人最好与自己所应聘的工作能“搭”上关系。

7. 最好说出自己所崇拜的人的哪些品质、哪些思想感染着自己、鼓舞着自己。

A 问题五：“你的座右铭是什么？”

思路：

1. 座右铭能在一定程度上反映应聘者的性格、观念、心态，这是面试官问这个问题的主要原因。

2. 不宜说那些会引起不好联想的座右铭。

3. 不宜说那些太抽象的座右铭。

4. 不宜说太长的座右铭。

5. 座右铭最好能反映出自己某种优秀品质。

6. 参考答案——“只为成功找方法，不为失败找借口”。

问题六：“谈谈你的缺点”

参考答案：

1. 不宜说自己没缺点。

2. 不宜把那些明显的优点说成缺点。

3. 不宜说出严重影响所应聘工作的缺点。

4. 不宜说出令人不放心、不舒服的缺点。

5. 可以说出一些对于所应聘工作“无关紧要”的缺点，甚至是一些表面上看是缺点，从工作的角度看却是优点的缺点。绝对不要自作聪明地回答“我最大的缺点是过于追求完美”，有的人以为这样回答会显得自己比较出色，但事实上，他已经岌岌可危了。

问题七：“谈一谈你的一次失败经历”

参考答案：

1. 不宜说自己没有失败的经历。

2. 不宜把那些明显的成功说成是失败。

3. 不宜说出严重影响所应聘工作的失败经历。

4. 所谈经历的结果应是失败的。

5. 宜说明失败之前自己曾信心百倍、尽心尽力。

6. 说明仅仅是由于外在客观原因导致失败。

7. 失败后自己很快振作起来，以更加饱满的热情面对以后的工作。

Q：有想过创业吗？

A：这个问题可以显示你的冲劲，但如果你的回答是“有”的话，千万小心，下一个问题可能就是“那么为什么你不这样做呢？”

问题八："你为什么选择我们公司？"

参考答案：

1. 面试官试图从中了解你求职的动机、愿望以及对此项工作的态度。

2. 建议从行业、企业和岗位这三个角度来回答。

3. 参考答案——"我十分看好贵公司所在的行业，我认为贵公司十分重视人才，而且这项工作很适合我，相信自己一定能做好。""我来应聘是因为我相信自己能为公司做出贡献，而且我的适应能力使我确信我能把公司带上一个新的台阶"。

Q 问题九："对这项工作，你有哪些可预见的困难？"

参考答案：

1. 不宜直接说出具体的困难，否则可能令对方怀疑应聘者不行。

2. 可以尝试迂回战术，说出应聘者对困难所持有的态度——"工作中出现一些困难是正常的，也是难免的，但是只要有坚忍不拔的毅力、良好的合作精神以及事前周密而充分的准备，任何困难都是可以克服的。"

问题十："如果我录用你，你将怎样开展工作"

参考答案：

1. 如果应聘者对于应聘的职位缺乏足够的了解，最好不要直接说出自己开展工作的具体办法。

2. 可以尝试采用迂回战术来回答，如"首先听取领导的指示和要求，然后就有关情况进行了解和熟悉，接下来制定一份近期的工作计划并报领导批准，最后根据计划开展工作。"

问题十一：“与上级意见不一致，你将怎么办？”

参考答案：

1. 一般可以这样回答“我会给上级以必要的解释和提醒，在这种情况下，我会服从上级的意见。”

2. 如果面试你的是总经理，而你所应聘的职位另有一位经理，且这位经理当时不在场，可以这样回答：“对于非原则性问题，我会服从上级的意见，对于涉及公司利益的重大问题，我希望能向更高层领导反映。”

问题十二：“我们为什么要录用你？”

参考答案：

1. 应聘者最好站在招聘单位的角度来回答。

2. 招聘单位一般会录用这样的应聘者：基本符合条件、对这份工作感兴趣、有足够的信心。

3. 如“我符合贵公司的招聘条件，凭我目前掌握的技能、高度的责任感和良好的适应能力及学习能力，完全能胜任这份工作。我十分希望能为贵公司服务，如果贵公司给我这个机会，我一定能成为贵公司的栋梁！”

问题十三：“你是应届毕业生，缺乏经验，如何能胜任这项工作？”

参考答案：

1. 如果招聘单位对应届毕业生的应聘者提出这个问题，说明招聘单位并不真正在乎“经验”，关键看应聘者怎样回答。

2. 对这个问题的回答最好要体现出应聘者的诚恳、机智、果敢及敬业。

3. 如作为应届毕业生，在工作经验方面的确会有所欠缺，因此在读书期间我一直利用各种机会在这个行业里做兼职。我也发现，实际工作远比书本知识丰富、复杂。但我有较强的责任心、适应能力和学习能力，而且比较勤奋，所以在兼职中均能圆满完成各项工作，从中获取的经验也令我受益匪浅。请贵公司放心，学校所学及兼职的工作经验使我一定能胜任这个职位。

主要参考资料

1. 程正方等：《心理学》，北京师范大学出版社 2009 年版。

2. 张春兴：《现代心理学》，上海人民出版社 1994 年版。

3. 李晓东："大学生择业中常见的心理障碍及其调适"，载《安徽技术师范学院学报》2004 年第 6 期。

4. 刘颖："大学生择业不良心理浅议"，载《思想政治教育研究》2004 年第 4 期。

5. 梁光霞："大学生求职择业心理调适方法探讨"，载《九江学院学报》2004 年第 4 期。

6. 孟勇："试析高校特困生心理问题及对策"，载《临床心身疾病杂志》2004 年第 10 期。

7. 肖红、侯云："大学生心理健康状况调查分析"，载《临床心身疾病杂志》2004 年第 10 期。

8. 王芬："高校文化建设应注意的若干问题研究"，载《扬州大学学报》2011 年第 15 期。

9. 李献峰等：《当代中国教育分析》，河南人民出版社 2004 年版。

10. 廖小平："论大学文化的三种关系"，载《河南大学学报》2006 年第 5 期。

11. 卢晓中："走向社会的中心——现代大学发展理念简论"，载《教育研究》2002 年第 9 期。

12. 陈序经：《文化学概论》，中国人民大学出版社 2005 年版。

13. 余英时：《文化传统与文化重建》，三联书店 2004 年版。

14. 龙凯宏："要加快区域发展，就必须重视和加强区域文化建设"，载《人民日报》2005 年 1 月 26 日。

15. 陈保华：“中部崛起战略中的文化产业透视”，载《维权时报》2006 年 5 月 11 日。

16. 戚鸣：“文化产业：全球新兴产业”，载《光明日报》2002 年 9 月 12 日。

17. 刘宽忍：“关于加入 WTO 后培育和发展文化产业的思考”，载《中国文化报》2001 年 11 月 27 日。

18. 王芬：“论企业领导者高尚人格的塑造”，载《集团经济研究》2007 年第 1 期。